鸚鵡螺
數學叢書

洪萬生數學史系列

數之軌跡 I

古代的數學文明

洪萬生／主編
英家銘／協編
黃俊瑋、陳玉芬、林倉億／著
于靖、林炎全／審訂

三

《鸚鵡螺數學叢書》總序

本叢書是在三民書局董事長劉振強先生的授意下,由我主編,負責策劃、邀稿與審訂。誠摯邀請關心臺灣數學教育的寫作高手,加入行列,共襄盛舉。希望把它發展成為具有公信力、有魅力並且有口碑的數學叢書,叫做「鸚鵡螺數學叢書」。願為臺灣的數學教育略盡棉薄之力。

I 論題與題材

舉凡中小學的數學專題論述、教材與教法、數學科普、數學史、漢譯國外暢銷的數學普及書、數學小說,還有大學的數學論題:數學通識課的教材、微積分、線性代數、初等機率論、初等統計學、數學在物理學與生物學上的應用等等,皆在歡迎之列。在劉先生全力支持下,相信工作必然愉快並且富有意義。

我們深切體認到,數學知識累積了數千年,內容多樣且豐富,浩瀚如汪洋大海,數學通人已難尋覓,一般人更難以親近數學。因此每一代的人都必須從中選擇優秀的題材,重新書寫:注入新觀點、新意義、新連結。從舊典籍中發現新思潮,讓知識和智慧與時俱進,給數學賦予新生命。本叢書希望聚焦於當今臺灣的數學教育所產生的問題與困局,以幫助年輕學子的學習與教師的教學。

從中小學到大學的數學課程,被選擇來當教育的題材,幾乎都是很古老的數學。但是數學萬古常新,沒有新或舊的問題,只有寫得好或壞的問題。兩千多年前,古希臘所證得的畢氏定理,在今日多元的光照下只會更加輝煌、更寬廣與精深。自從古希臘的成功商人、第一位哲學家兼數學家泰利斯 (Thales) 首度提出兩個石破天驚的宣言:數

學要有證明，以及要用自然的原因來解釋自然現象（拋棄神話觀與超自然的原因）。從此，開啟了西方理性文明的發展，因而產生數學、科學、哲學與民主，幫忙人類從農業時代走到工業時代，以至今日的電腦資訊文明。這是人類從野蠻蒙昧走向文明開化的歷史。

古希臘的數學結晶於歐幾里德 13 冊的《原本》(*The Elements*)，包括平面幾何、數論與立體幾何，加上阿波羅紐斯 (Apollonius) 8 冊的《圓錐曲線論》，再加上阿基米德求面積、體積的偉大想法與巧妙計算，使得它幾乎悄悄地來到微積分的大門口。這些內容仍然是今日中學的數學題材。我們希望能夠學到大師的數學，也學到他們的高明觀點與思考方法。

目前中學的數學內容，除了上述題材之外，還有代數、解析幾何、向量幾何、排列與組合、最初步的機率與統計。對於這些題材，我們希望在本叢書都會有人寫專書來論述。

▌讀者對象

本叢書要提供豐富的、有趣的且有見解的數學好書，給小學生、中學生到大學生以及中學數學教師研讀。我們會把每一本書適用的讀者群，定位清楚。一般社會大眾也可以衡量自己的程度，選擇合適的書來閱讀。我們深信，閱讀好書是提升與改變自己的絕佳方法。

教科書有其客觀條件的侷限，不易寫得好，所以要有其它的數學讀物來補足。本叢書希望在寫作的自由度幾乎沒有限制之下，寫出各種層次的好書，讓想要進入數學的學子有好的道路可走。看看歐美日各國，無不有豐富的普通數學讀物可供選擇。這也是本叢書構想的發端之一。

　　學習的精華要義就是，儘早學會自己獨立學習與思考的能力。當這個能力建立後，學習才算是上軌道，步入坦途。可以隨時學習、終身學習，達到「真積力久則入」的境界。

　　我們要指出：學習數學沒有捷徑，必須要花時間與精力，用大腦思考才會有所斬獲。不勞而獲的事情，在數學中不曾發生。找一本好書，靜下心來研讀與思考，才是學習數學最平實的方法。

III 鸚鵡螺的意象

本叢書採用鸚鵡螺 (Nautilus) 貝殼的剖面所呈現出來的奇妙螺線 (spiral) 為標誌 (logo)，這是基於數學史上我喜愛的一個數學典故，也是我對本叢書的期許。

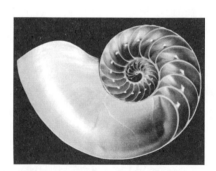
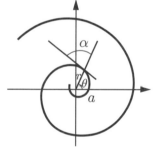

鸚鵡螺貝殼的剖面　　　　　　　　等角螺線

　　鸚鵡螺貝殼的螺線相當迷人，它是等角的，即向徑與螺線的交角 α 恆為不變的常數 $(a \neq 0°,\ 90°)$，從而可以求出它的極坐標方程式為 $r = ae^{\theta \cot \alpha}$，所以它叫做指數螺線或等角螺線，也叫做對數螺線，因為取對數之後就變成阿基米德螺線。這條曲線具有許多美妙的數學性質，例如自我形似 (self-similar)、生物成長的模式、飛蛾撲火的路徑、黃

金分割以及費氏數列 (Fibonacci sequence) 等等都具有密切的關係，結合著數與形、代數與幾何、藝術與美學、建築與音樂，讓瑞士數學家柏努利 (Bernoulli) 著迷，要求把它刻在他的墓碑上，並且刻上一句拉丁文：

Eadem Mutata Resurgo

此句的英譯為：

Though changed, I arise again the same.

意指「雖然變化多端，但是我仍舊照樣升起」。這蘊含有「變化中的不變」之意，象徵規律、真與美。

　　鸚鵡螺來自海洋，海浪永不止息地拍打著海岸，啟示著恆心與毅力之重要。最後，期盼本叢書如鸚鵡螺之「歷劫不變」，在變化中照樣升起，帶給你啟發的時光。

蔡聰明

2012 歲末

推薦序

　　很高興看到洪萬生教授帶領他的學生們寫出大作《數之軌跡》。這是一本嘆為觀止，完整深入的數學大歷史。萬生耕耘研究數學史近四十年，功力與見識足以傳世。他開宗明義從何謂數學史？為何數學史？如何數學史？講起。巴比倫，埃及，希臘，中國，印度，阿拉伯，韓國，到日本。再從十六世紀到二十世紀講西方數學的發展與邁向巔峰。《數之軌跡》當然也著力了中國數學與希臘數學的比較，中國傳統數學的興衰，以及十七世紀以後的西學東傳。

　　半世紀前萬生與我結識於臺灣師範大學數學系，那時我們不知天高地厚，雖然周圍沒有理想的學術氛圍，還是會作夢追尋各自的數學情懷。我們一起切磋，蹣跚學習了幾年，直到 1976 暑假我有機會赴耶魯大學博士班。1980 年我回到中央研究院數學所做研究，那時萬生的牽手與我的牽手都在外雙溪衛理女中執教，我們有兩年時間在衛理新村對門而居，茶餘飯後沈浸在那兒的青山秀水，啟發了我們更多的數學思緒。1982 年我攜家人到巴黎做研究才離開了外雙溪。後來欣然得知萬生走向了數學史，1985 年他決定赴美國進修，到紐約市立大學跟道本周 (Joseph Dauben) 教授專攻數學史。

　　1987（或 1988）年，我舉家到普林斯敦高等研究院做研究。一個多小時的車程在美國算是「鄰居」，到紐約時我們就會去萬生家拜訪，談數學，數學史，述及各自的經歷與成長。1988 年暑假我回臺灣之前，我們倆家六口一起駕車長途旅遊，萬生與我擔任司機，那時我們都不到四十歲，從紐約經新英格蘭渡海到加拿大新蘇格蘭島，沿魁北克聖羅倫斯河，安大略湖，從上紐約州再回到紐約與普林斯敦。一路上話題還是會到數學與數學史。

我的數學研究是在數論，是最有歷史的數學，來龍去脈的關注自然就導引數論學者到數學史。在高等研究院那年，中午餐廳裡年輕數論學者往往聚到韋伊（Andre Weil）教授的周圍，聽八十歲的他講述一些歷史。韋伊是二十世紀最偉大數學家之一，數學成就之外那時已經寫了兩本數學史專書：數論從 Hammurabi 到 Legendre，橢圓函數從 Eisenstein 到 Kronecker。

　　1990 年代，萬生學成回到臺灣師範大學，繼續研究並開始講授數學史。二十餘年來他培養指導了許多研究生，探索數學史的各個時期及面向，成績斐然。這些年輕一代徒弟妹：英家銘、林倉億、蘇意雯、蘇惠玉等，也都參與了撰述這部 《數之軌跡》。特別是在臺灣推動 HPM 數學史與數學教學，萬生的 School 做了許多努力。

　　在這本大作導論中，萬生指出他的數學不只包含菁英數學家 (elite mathematician) 所研究的 「學術性」 內容，而是涉及了所有數學活動參與者 (mathematical practitioner)。因此《數之軌跡》並不把重點放在數學歷史上的英雄人物，而著眼於人類文明的發展過程中，數學的專業化 (professionalization) 與制度 (institutionalization)，乃至於贊助 (patronage) 在其過程中所發揮的重要功能。

　　在《數之軌跡 IV：再度邁向顛峰的數學》第 4 章裡，《數之軌跡》試圖刻劃二十世紀數學。萬生選擇了四個子題來描述二十世紀前六十年的數學進展：艾咪・涅特、拓撲學的興起、測度論與實變分析、集合論與數學基礎。這當然還不足以窺二十世紀前五十年數學史的全貌：像義大利的代數幾何學派、北歐芬蘭的複分析學派、日本高木貞治的代數數論學派，與抗戰前後的中國幾何學大師陳省身、周緯良，都有其數學史上不可或缺的地位。從二十世紀到二十一世紀，純數學到應用數學，發展更是一日千里。《數之軌跡》選了兩個英雄主義的面向：

「希爾伯特 23 個問題」、「費爾茲獎等獎項」，來淺顯說明二十世紀數學知識活動的國際化。這些介紹當然不能取代對希爾伯特問題或費爾茲獎得獎工作的深入討論。最後寫科學的專業與建制，以及民間部門的角色：美國 vs. 蘇聯。這是很有意思的，我希望數學史家可以就這個題目再廣泛的搜集資料，因為在 1960 年代之後，不同的重要數學研究中心在歐洲美國出現，像法國 IHES、德國的 Max Planck、Oberwolfach 等。到了 1990 年世界各地，包括亞洲（含臺灣、中國），數學研究中心更是像雨後春筍般冒出。這是一個很有意義的數學文化現象。另一方面，隨著蘇聯解體，已經不再是美國 vs. 蘇聯，而是在許多國家百花齊放。從古到今，數學都是最 Universal！

于　靖

2023 年 10 月

CONTENTS

第 3 章　希臘數學

第 4 章　中國數學

CONTENTS

NOTE

第 1 章
導　論

1 導 論

1.1 數學史學議題：
何謂數學史？為何數學史？如何數學史？

　　就學科屬性來說，數學史 (history of mathematics) 是至少橫跨數學與歷史兩個領域的一門學問。換句話說，數學史是一門目前「很夯的」跨領域學科 (interdisciplinary subject)，對於迫切需要「**斜槓**」**(slash)** 素養（譬如**科學／人文**）的現代公民來說，更是不可或缺。大約從二十世紀七十年代以來，數學史這個學科逐漸專業化——以專業期刊 *Historia Mathematica* 創立於 1974 年為見證，儘管它還是「寄棲於」數學系、數學教育學程、科學史學系／學程，甚至是一般的歷史系，然而，目前它已經發展成為獨立的學門 (discipline)，則是不爭的事實。

　　另一方面，從二十一世紀以來，HPM 對數學史的「**加持**」也不容忽視。所謂 HPM，是有關數學史與數學教學之關連 (Relations between History and Pedagogy of Mathematics) 的一門學問，它原來是代表國際數學教育委員會 (ICMI) 下屬的一個研究群，但是，由於這個從數學史切入數學教育的關注點所逐漸展現的重大意義——譬如它充分展露數學是如何「**有用**」與「**有趣**」，以及參與者的活躍程度，HPM 最終成為這個學門的簡稱。事實上，一旦有了教學的關懷，歷史上數學知識及其演化的新面向，譬如數學教育的建制、教科書的編寫如何引發數學知識不同分支的（邏輯）統整 (integration)，等等，就會成為廣受矚目的焦點，因此，從 HPM 切入，業餘的數學史家（數學家居多）也

好，數學教育家也好，甚至是專業的數學史家等等，都找到各自研究數學史的著力點，而全方位地豐富了數學史學 (historiography of mathematics) 的發展。

多年來，針對 HPM 課題如何與數學教學連結，我總是再三強調在課堂上，教師運用數學史至少可以分成三個層次：

- 說故事，對學生的人格成長會有啟發作用；
- 在歷史的脈絡中比較數學家所提供的不同方法，拓寬學生的視野，培養全方位的認知能力與思考彈性；
- 從歷史的角度注入數學知識活動的文化意義，在數學教育過程中實踐多元文化關懷的理想。❶

如何在這三個層次上實施教學 (implement)？這不僅是現場教師的一項挑戰，對於專業數學史家來說，要想將自己的相關研究成果，跟講堂上的學生或閱聽大眾分享，其艱鉅程度恐怕也不遑多讓。在這一方面，這二、三十年來，數學普及作家 (popular mathematics writer) 倒是「勇於承擔」，彌補了不少 HPM 的空白。他們在這三個層次上，都呼應了 HPM 專家乃至數學史家的基本訴求，讓數學史與 HPM 相輔相成，而成為知識普及文化中多彩繽紛的一頁，其中，多位傑出小說家介入的「**數學小說**」 (mathematical fiction) 這個新文類之興起，尤其備受矚目。在第 1.4 節中，我們將略述此一嶄新的全球閱讀文化風潮。因此，全球科普文化風潮也對數學史的（學科）發展，帶來極大的「利基」，

---

❶ 引洪萬生，〈HPM 隨筆 （一）〉，《HPM 台北通訊》1(2): 1–3。此一刊物後來更名為《HPM 通訊》。

這是數學史家省思自己學門的意義時，絕對不該忽視的重大歷史因素。

從上述兩段的簡要說明 （尤其是 HPM 關懷面向），「為何數學史？」多少已經可以**不證自明** (self-evident)。事實上，我們（身為數學史的愛好者及研究者）從來不敢奢求「以史為鑑而知興替」的春秋秉筆境界，因為對同一位數學家傳記的「不同時代」版本告訴我們，他（或她）的不同評價，常常是時間的函數，因此，探究數學史時，我們但求數學知識活動的更加豐富想像即可。不過，我們也將在本書中，不時地提點此一議題的意義，最後在結論章稍加呼應。

現在，回過頭來，當我們企圖回答「為何數學史」時，顯然必須首先面對如下問題：何謂數學史？對我們來說，數學史是研究數學知識之演化 (evolution) 的一門學問。換句話說，數學知識（譬如畢氏定理）再怎麼被推許為一種永恆不變的真理 (eternal truth)，它（的知識活動）還是無法自外於時間因素。一旦涉及時間，當然就有**變化** (change)，也因此就成為歷史學研究的對象了。

這個說法當然影響著我們「如何（做）數學史」。試問：如果對比於亞里斯多德物理學 (physics) 的徹底走入歷史，畢氏定理（畢達哥拉斯在西元前六世紀所發現／發明的）今日仍然為真，那麼，針對這兩千多年來的畢氏定理之 「歷史」 ── 數學家／科普作家毛爾 (Eli Maor) 的《畢氏定理四千年》追溯得更為久遠，我們究竟要如何著手研究？這兩千多年來的「變」與「不變」，究竟要「鑲嵌」在哪些歷史脈絡／情境 (context/situation) 中，才會讓我們充分感受到「**數學的真**」與「**歷史的真**」之相互輝映呢？

歷史脈絡／情境的不可或缺，在於我們試圖回答「何謂數學史」時，根本無法迴避「**何謂數學**」(what is mathematics?) 這個大哉問！數學家／科普作家德福林 (Keith Devlin) 曾針對後者 ， 提出了極富數

學／歷史雙重洞識（或「數感」(number sense)／「史識」(historical insight)）的說法，值得在此引述以供參閱。

根據德福林的考察，數學這一門學科（在人類歷史長河中）究竟可以有多少面向或歸類？按時間順序來說，

- 到西元前 500 年左右為止，數學是有關數目 (number) 的一種學問。
- 對於古希臘人而言，數學不只研究數目，而且也是有關形狀 (shape) 的學問。
- 在十七世紀牛頓和萊布尼茲之後，數學變成了研究數目、形狀、運動 (motion)、變化以及空間 (space) 的一門學問。
- 到了十九世紀末為止，數學已經成為有關數目、形狀、運動、變化、空間、以及研究數學的工具的一門學問。
- 在大約最近的四十年間，大部分數學家同意：數學是研究模式的一門科學 (science of patterns)。❷

基於這個有關數學之最新「定義」，德福林認為（古今）數學家的工作，都是在「**辨別與分析各種抽象的模式**」，同時，基於不同種類的模式，數學知識也形塑成不同的分支。譬如，算術和數論研究數字與計算的模式，幾何學研究形狀的模式，微積分讓我們能夠處理運動的模式，機率論處理偶發事件的模式，拓撲學研究封閉性與位置的模式，等等。

事實上，這也是德福林對於「何謂數學」的一個歷史考察。顯然，

---

❷ 參考德福林，《數學的語言》，頁 13–16。

數學史學的風貌也會隨著時間的推移而有所改變，譬如，從 1970 年代以降，由於計算機科學 (computer science) 學門的成熟，「演算法」 或「算則」(algorithm) 開始成為數學家刻畫算術和計算模式的核心概念，從而中算史家也運用它，來說明古代中國數學無處非「術」的風格。以漢簡《筭數書》（最遲呂后二年（西元前 186）問世）為例，它就提供了「輾轉相除法」（使用在「約分」的脈絡之中）迄今最早尚存的版本：**「約分術曰：以子除母，母亦除子，子、母數交等者，即約之矣。」** 儘管竹簡抄寫者沒有進一步說明約分「術」何以成立，不過，其為「算則」則殆無疑問。此外，對於研究宋元數學史之中算史家來說，運用算則來刻畫那個黃金時期的「大衍求一術」、「正負開方術」，以及「垛積招差術」等等成就，並說明它們如何「偉大」，多少可以彌補宋元數學家未曾說明其所以然之故之缺憾。可見，隨著「何謂數學」內容的擴張，「何謂數學史」的內容或進路也順勢跟著改變。而這，當然也允許我們得以將人類歷史所出現的數學知識活動，無論時間地點，都安放在同一個架構之中，來探索它的價值與意義。

　　德福林這個凸顯模式的進路， 也對我們經常運用的比較史學 (comparative history) 方法有所啟發。事實上，從上述這個規模逐步擴增（或層層相套）的框架來看，要是我們「理直氣壯」，一再「逼問」（譬如說）牛頓的積分方法為何不具備阿基米德的「求積術」(method of quadrature) 之嚴密性，那麼，牛頓（乃至萊布尼茲）的微積分發明之意義，可能無法顯豁。然而，要是我們從模式概念切入，我們就可以採用比較史學的進路，探索阿基米德的「求積術」之模式，究竟如何不同於牛頓的積分學 (integral calculus)，而這又呈現了什麼樣的數學史意義？

　　這當然也涉及微積分課本常見的一個主張：阿基米德是積分學或

微積分的「先驅」。其實，這並不令人感到意外，因為在現代符號及其表式的炫目映照下，阿基米德及牛頓的方法論之微妙處 (methodological subtleties)，以及他們各自的認知進路 (epistemological approaches)，都一一地泯沒無存。如此「表象」的數學史，顯然不足以幫助我們深刻理解人類在無窮小量 (infinitesimal) 的處理上之巨大進展。相反地，如果我們從模式的掌握切入，那麼，刻畫運動概念的特性，就成了微積分發明中，最具有鮮明色彩的「現代性」(modernity)，從而牛頓 vs. 阿基米德的對比，就變得很有知識／歷史的雙重趣味了。

　　總而言之，提問「何謂數學史」與提問「何謂數學」有了極其微妙的「互惠關係」(reciprocal relationship)。顯然，要想圓滿地回答「何謂數學史？」最佳策略之一，就是同時追問「何謂數學？」然後，在相關的脈絡中進行研究，應該就可以得到恰當的歷史理解。當然，一旦掌握數學 vs. 數學史之分際，那麼，研讀古代數學經典時，也可以採取一種「創造性模糊的」態度，「不刻意」區別數學史或是數學問題，或許史家葛羅頓－吉尼斯 (Ivor Grattan-Guinness)「（數學）文化遺產」(world cultural heritage) 觀點，也指出這種進路可以帶來的豐饒趣味。譬如說吧，在 1850 年以前，至少在英國學界，歐幾里得的《幾何原本》一直被視為數學著作，無怪乎當時數學家還企圖從中挖掘問題，以進行數學研究。而在那之後，這部典籍則開始主要被視為歷史文獻或（人類共有）文化遺產，從而研究者提問時，大都從歷史或 HPM 面向切入了。

　　再者，要是我們認為數學不只包含菁英數學家 (elite mathematician) 所研究的「學術性」內容，也涉及數學活動參與者 (mathematical practitioner) 所從事的實作 (practice)，譬如，非西方主流的數學文明、

摺紙、剪紙、毛線編織，以及數學玩具設計等「遊藝」活動，那麼，數學史的內容當然也就跟常見的 「制式論述或敘事」 (conventional history) 有所不同。這種情況當然也出現在我們認定的歷史上所謂的數學家，對於 「說算者」（三世紀中國劉徽用詞） 角色之自我認定 (self-perception)。以南北朝中國數學家祖沖之為例，一旦數學不是他「官宦生涯」中最珍視的成就，而是更在乎 （比如說是身為）「談天者」（三世紀中國趙爽用詞）為朝廷制曆的角色，那麼，我們現在推許他是古代偉大的數學家，其歷史意義恐怕需要釐清才是。因此，本書對於所謂數學家的角色之認定「一概從寬」，只要他（她）們曾經參與數學知識活動即可。唯有如此，人類文化各個層面中數學的無所不在特性 (omnipotence)，以及它的多元面向 (multi-aspects) 之價值，才會在數學史的論述中顯得名正言順，並且在堂皇進入教育現場時，也可以表現十足的正當性 (legitimacy)。

　　另一方面，歷史上許多數學家也參與「窺探天機」的使命或任務，他們的頭銜都不是現代意涵的數學家，後者是現代歐洲發明的概念。其實，即使是發明符號法則 (symbolism) 的法國數學家韋達 (Viete)，也因為成功破解西班牙密碼，而被告上羅馬教皇，其罪名是使用巫術。至於中國唐初數學家李淳風 (602–670) 之受到正史 （《舊唐書》） 青睞之事蹟，並非他註釋《算經十書》的貢獻，而是身為太史令的他如何根據占卜，成功地預測中唐武則天之「代有天下」。因此，古代數學家顯然是內算（占卜或占星）、外算（一般算學）兼修，在「現代性」的數學家角色出現之前，「窺探天機」反倒是更好的（生涯）出路。因此，「窺探天機」固然有其「神祕性」，但是，卻使得我們在探索數學知識活動的多元面向時，可以賦予更寬闊的想像空間。

　　在前文有關菁英數學家 vs. 數學活動參與者的對比中，數學知識

的本質 (nature of mathematical knowledge) 當然有其意義，因為那涉及
數學家所認定，以及如何認定的、具有正當性的數學知識或活動。至
於其具體呈現，則成就了數學哲學這個傳統的主流學問，以及 1980 年
代之後，完全站在「對立面」的民族數學 (ethnomathematics) 或多元文
化數學 (multicultural mathematics) 之（數學教育）發展。

　　在下一節（第 1.2 節）中，我們將簡要論述數學史與數學哲學之
關係，旨在強調有些文明中的菁英數學家，由於受到數學哲學的深刻
影響，而表現出獨特的數學文化風格。接著，我們也將在本章第 1.3
節中，企圖說明在數學史的映照下，民族數學／多元文化數學究竟呈
現了何種價值與意義。

 ## 1.2　數學史與數學哲學

　　根據學門分類判準 (criterion)，歷史與哲學當然不同。嚴格來說，
數學哲學是西方傳統認識論（epistemology 或 theory of knowledge）的
特例，主要關懷如下問題：

- 數學知識的基礎何在？
- 數學真理的本質為何？何以是必然的真理？
- 哪些條件刻畫了數學真理？又，它們的結論如何核證？[3]

　　基於此，一旦數學知識是永恆不變的真理，那麼，以函數
(function) 概念的歷史發展為例，數學史研究者之第一步，就是先確定

[3] 引洪萬生，〈HPM 隨筆（一）〉，《HPM 台北通訊》1(2): 1–3。

函數的「現代」定義，再依年代順序，說明各個時代或文明的相關概念，如何一棒接一棒地，貼近現代版這個函數概念的本質，至於歷史評價，則主要依據歷代「成就」距離現代定義之遠近。換言之，以此種終極關懷為唯一目的，歷史上凡是朝此一方向前進的數學成果，就都是函數史 (history of function) 的恰當內容。如此一來，數學史就變成揭示造物主偉大──因為祂創造了偉大數學的一項神聖「發現」工程。從而，數學史研究就成為偉大的發現者「造廟」的一種學術活動，至於其主要任務，則莫非是為那些大師的經典進行註腳。

　　數學是被發現的，這個哲學主張出自柏拉圖。他認為數學知識是存在於理想世界 (ideal world) 的形式 (form) 或理念 (idea)，譬如，三角形就是一個形式，它在吾人所處的物質世界 (material/physical world) 中是沒有指涉物或參考物 (referent)，亦即，一塊三角餅乾並非三角形這個「形式」所指涉的「物質」。基於此一假設，學習當然是一個「**再發現**」**(re-discovery)** 的過程。更明確地說，數學是以一種「先驗的」(*a priori*) 的形式存在於理想世界，學習是吾人靈魂／心靈 (soul/mind) 喚醒或再收集 (recollect) 這些生而有之的（先驗）記憶之過程。至於教師，則只是扮演引導的角色而已，因此，乃有（蘇格拉底）「產婆式教學法」之稱呼。所有這些教學活動，柏拉圖在他的《米諾篇》(*Meno*) 之中，運用精彩的對話來闡明，是數學教育（史）的必讀經典之一。同時，在該篇中，柏拉圖也藉此再次地論述他的「靈魂不朽及輪迴轉世」之說。

　　相反地，柏拉圖的徒弟亞里斯多德的主張卻是：數學是被發明的。亞里斯多德顯然認為吾人「安身立命」之物質世界所在一樣重要，拉斐爾 (Raphael, 1483–1520) 在他的名畫《雅典學院》(*School of Athens*)（圖 1.1）中，以左手持《倫理學》(*Ethics*)、右手向前平展的姿態，

來刻畫亞里斯多德，應該是認為這位西方最偉大的哲學家，非常看重物質世界，因為相對地，柏拉圖則是右手指天空（的理想世界），左手持《蒂邁歐篇》(*Timaeus*)。事實上，亞里斯多德認為吾人經驗可掌握的 (empirically accessible) 的一塊三角餅乾（亦即「物質」）內蘊了三角形（概念）的「形式／理念」，因此，吾人心靈透過與三角餅乾（這樣的「物質」）之互動，應該可以領會或理解三角形這一形式或理念。顯然，亞里斯多德也認為三角形這種物元／物件 (entity)，是從三角形餅乾這樣的「物質」抽象得來。對於「物元 vs. 物質」這兩者的關係，他尤其說得明白：「當我們考慮數學物件時，我們是將它們看成好像與其他物質分離，雖然事實上並非如此。」換言之，對亞里斯多德來說，學習比較像是一個再發明 (re-inventing) 的過程，同時，它有經驗手段（譬如：吃三角餅乾）可用以憑藉與操作。

圖 1.1：《雅典學院》中的柏拉圖與亞里斯多德

以上是針對柏拉圖 vs. 亞里斯多德有關（數學）概念 (concept) 的學習之對比。如果是針對公設 (axiom) 這種命題 (proposition) 呢？柏拉圖認為吾人來到物質世界之前，其心靈便擁有理想世界的記憶，只要被喚醒，心靈就能收集先前的（前世的）記憶，從而可得知幾何公設確為真理。另一方面，亞里斯多德卻認為公設是心靈可以毫不懷疑接受與理解的原理 (principle)，在他的《後分析篇》(*Posterior Analytics*) 中，他強調：吾人確切不移的直覺自然知道公設為真。然後，他又主張任何一個演繹科學 (deductive science)，都必須以這樣的公設為基礎來建立演繹結構。

在幾何學的脈絡中，亞里斯多德將這種公設區分為「**共有概念**」**(common notion)** 與「**特殊概念**」**(special notion)**。前者（譬如等量公理）不僅適用於幾何學，也應用在有關「量」的學科。後者（譬如《幾何原本》的第 5 設準），則只是適用於幾何學，亞里斯多德給了另一個名稱：設準 (postulate)，亦即：「假設成為準則」的意思。這些相關的敘述句之理論 (theory of statement/proposition)，再加上他對於概念與定義 (definition) 的研究，都呼應了亞里斯多德企圖回答的一個方法論問題，那就是：什麼樣的方法應該用在數學的思維上？

任何人想要理解亞里斯多德如何影響古希臘數學研究，都不應該忽略歐幾里得的《幾何原本》(*The Elements*)。在這部經典作品中，歐幾里得所採用的公設結構之進路，譬如給出定義、設準與共有概念，以及藉由演繹法建立命題（或敘述句）的真實性──一開始是依據設準與共有概念導出命題，再依據已證命題導出新的命題，最後，將這些命題組織成為一個嚴密的邏輯結構，等等，都可算是充分地身體力行了亞里斯多德的方法論主張。這種進路被認為未曾顧及柏拉圖的本體論主張，於是，有些史家認為，歐幾里得只好利用《幾何原本》的

最後一冊（第 XIII 冊）向柏拉圖「交心」，因為這一冊的主題純粹是為了證明只有五種（柏拉圖）正多面體存在，而且其內容與前十二冊的主題（平面幾何，數論及立體幾何）也沒有什麼關連。

無論如何，《幾何原本》就是數學實作充分被哲學家影響的代表作品。無怪乎（荷蘭）數學史家奔特 (Lucas N. H. Bunt) 等人著述的《數學起源》(*The Historical Roots of Elementary Mathematics*)，在論述歐幾里得的《幾何原本》（該書第 6 章）之前，會先引進他的哲學先驅柏拉圖及亞里斯多德（該書第 5 章）。因此，任何人想要確認如下數學哲學家拉卡托斯 (Lakatos) 改寫自康德 (Kant) 的一句名言不是空話，那麼，《數學起源》的著述就是最佳見證：

> 數學史一旦缺乏了哲學的引導，便是盲目的，至於數學哲學，要是對數學史中最引人遐思的現象不理不睬 ，它便是空洞的。❹

在數學史的著述中，如何說明數學實作「具體地」受到哲學的影響，《數學起源》的確為我們樹立了範例。不過，這樣的案例在數學史上並不常見，同時，哲學主張對於數學實作的影響，也難以如同亞里斯多德對於《幾何原本》的亦步亦趨。因此，在本書中，我們大概只能就幾個著名的案例，譬如，十八世紀康德有關歐式幾何學的綜合先

---

❹ 引 Lakatos, *Proof and Refutation*, p. 2。本句之英文版如下：

[T]he history of mathematics, lacking the quidance of philosophy, has become *blind*, while the philosophy of mathematics, turning its back on the most intriguinh phenomena in the history of mathematics, has become *empty*. （斜體為原文體例）

驗說 (synthetic *a priori*)，以及十九世紀集合論悖論 (paradox) 所引發的數學基礎 (foundation of mathematics) 危機， 在歷史脈絡中說明數學 vs. 哲學之意義。

1.3　數學史與民族數學、多元文化數學

最近，有關數學文化的議題頗為風行，數學教育家甚至以此為切入點，探討這種活動如何連結到目前十分熱門的「數學素養」議題。❺

事實上，數學文化 (mathematical culture) 顯然是一個人類學用詞，應該是指數學（家）社群活動的產物。在此，或許讓我們先對比「文明」與「文化」這兩個用詞。

根據萊特 (Ronald Wright) 在他的《失控的進步》(*A Short History of Progress*) 中所做的解說：「所謂的文化 (culture)，我所指的社會的整體知識、信仰與常規。文化包括了從嚴格素食主義到食人主義；從貝多芬、義大利畫家波提切利到各式身體穿洞；從你在寢室、在浴室、在你所選擇教堂所作的任何事（如果你的文化准許你作選擇的話）；以及從分裂一塊石頭到分裂一顆原子等一切科技。」 至於文明 (civilisation/civilization)，則是「一種特殊的文化，一種以馴化植物、動物和人類為生的大型複雜社會。文明的構成方式各有不同，但典型的文明大都具有鄉鎮、城市、政府、社會階級及專業化的職業」。最後，兩者的關係如下：「所有文明都是文化或眾多文化的集合體，但並非所有文化都是文明。」❻

---

❺ 參考單維彰，《文化脈絡中的數學》。

❻ 參考並引述萊特，《失控的進步》，頁 57。

　　因此，我們或可定義：數學文化是指數學（家）社群的整體知識、信仰和常規。反過來，每個社會（含原住民部落）的整體知識、信仰和常規，當然也包括數學知識或技能在內，而所謂的數學，其學門判準並非恆定不移，因此，「文化中的數學」乃至「多元文化數學」之提法，當然也就有了深刻意義。克藍因 (Morris Kline) 早年經典《西方文化中的數學》(*Mathematics in Western Culture*) 儘管都以西方主流數學為例，但作者刻意凸顯數學是一種文化產物的進路，殆無疑義。

　　單維彰在他的《文化脈絡中的數學》中，開宗明義指出：他希望闡明「數學不僅是文化的產出，數學也形塑了文化。」另一方面，我們臺灣 HPM 伙伴曾合作出版《當數學遇見文化》或《窺探天機：你所不知道的數學家》，也意在強調「吾人雖然在不同的文化看見共同的數學，但是，數學也洋溢著不同文化的獨特風格」。還有，我們在《數學的東亞穿越》論文集中，則企圖「利用數學史的研究來探討一個文明的特色」，「歡迎讀者一起加入我們的行列，乘著算學來穿越東亞世界」。

　　非西方主流數學除了包括譬如中國、韓國、日本、越南，乃至印度等文明的數學之外，也包括原住民數學，譬如，馬雅（Maya 民族）數學一直都是數學史通論或數學普及書籍的引述焦點。針對後者，在 1980 年代，國際數學教育界有多位第三世界學者，基於新馬克斯主義思想及批判理論 (critical theory)，更進一步運用源自民族誌 (ethnography) 的「**民族數學**」**(ethnomathematics)** 概念，❼賦予弱勢原住民數學教育的自主發展之重大意義。因此，我們將民族數學視為數

---

❼ 我們承辦 HPM 2000 Taipei 時，曾以布農族木刻畫曆作為研討會的 *logos*。此曆之說明，也可參考網站：https://zxc923026.wixsite.com/yuanlairuci/blank-17。（2023/02/23 檢索）

學史之延伸，數學（社會）史的研究進路，當然有助於我們來說明民族數學以及多元文化數學的價值及意義。

1.4 數學史與數學小說敘事

　　前文提及數學史的「應用」，諸如歷史思維在數學教學或數學普及書寫兩方面的介入，甚至惠及數學小說這個方興未艾的新文類 (genre)，都是數學史敘事面向的充分發揮。

　　從敘事 (narrative) 面向切入，數學史家所關注的數學知識活動都源自歷史脈絡，數學家／數學教育家則在真實世界中，創造或交流數學知識活動。數學普及作家也是如此，不過，他們更是積極在普及敘事中，斟酌數學知識活動的價值及意義。至於擁有知識普及關懷的小說家，則在其故事情節中交織數學知識的自主 (autonomy) 特性，讓它們有如敘事一般，再加上**「小說中的數學家主角」vs.「傳記中的數學家」**之對比，而在最終豐富了我們的歷史想像。

　　因此，如果小說的主角是歷史上的數學家，那麼，儘管敘事情節是虛構的，對於一般讀者的歷史想像來說，應該還是頗有吸引力。根據我過去開授「數學通識」課程的經驗，當學生被要求閱讀譬如有關卡巴列夫斯基 (Sofia Kovalevskaya, 1850–1891) 的傳記及小說，並且針對傳記 vs. 小說的對比發表心得時，他們的回應是：要想快速地獲得有關數學家的一個圖像，不妨閱讀傳記，但是，若想得到啟發，那就應該閱讀小說。❽我所指定閱讀的小說，是加拿大女作家孟若 (Alice Munro) 的短篇小說《太多幸福》(*Too Much Happiness*)，這位榮戴西

---

❽ 教學心得可參考 Horng, "Narrative, Discourse and Mathematics Education: An Historian Perspective"。

元 2013 年諾貝爾文學獎的桂冠得主，是依據卡巴列夫斯基的傳記（包括一些未公開的家族文獻）「相當寫實地」創作而成。

　　如此一來，當我們打算了解數學家的故事時，小說版本極有可能「喧賓奪主」。因此，如何在小說的「虛構世界」與傳記的「真實世界」之間，取得一種辯證式的轉換理解，在在考驗讀者或史家的功力。不過，這涉及（文學的）敘事分析，我們無法在此深入。[9]緊接著，我們引述兩位數學作家 (mathematical writer) 對於連結數學與敘事所提出來的心得報告，藉以說明數學的一種敘事理解的意義。這種理解對於數學史的依賴，可以充分地從他們的深刻比喻 (metaphor) 中展現出來。

　　首先是數學家／數學普及作家拉克哈特 (Paul Lockhart)。在其《這才是數學》(*Measurement*) 中，拉克哈特認為：

> 證明就像在說故事。題目中的元素就是人物角色，故事情節則由你決定。就像任何一篇文學小說，我們的目標，是寫出在陳述上令人信服的故事。在數學上，這表示情節不僅要合乎邏輯，還必須是簡明而優雅。沒有人喜歡看拐彎抹角又複雜的證明。我們當然想看到理性的思路，但也希望感受到美的震懾。一個證明應該兼顧美感與邏輯。[10]

《這才是數學》是一般的數學普及著作，但作者運用說故事的比喻，環繞著數學是探討模式的一種科學之定義，積極賦予數學知識的價值

---

[9] 不妨參考洪萬生，〈數學家的角色：從傳記到小說〉。
[10] 引拉克哈特，《這才是數學》，頁 27–28。

與意義。譬如，他在說明餘弦定律針對銳角、直角與鈍角都成立時，特別強調：「要讓模式來決定我們對於意義的選擇。數學這門學問就是圍繞這個主題；我們甚至可以說，這是這門藝術的本質——聽從模式，來調整自己的定義和直觀。」⓫

另外，還有更加知名的數學家／數學普及作家史都華 (Ian Stewart)。在他的數學小說 《給年輕數學家的信》 (*Letters to a Young Mathematician*) 中，史都華也指出：

> 如果證明就是一個故事，那麼，一個值得記住的證明，就必須說出一個妙不可言的故事。所謂如何建構一個證明，究竟想告訴我們什麼事？這並不是說我們需要一個形式語言 (formal language)，其中每個細節都可按算則方式檢視，而是其故事線應該清晰且強烈地呈現。這並非指證明的語法 (syntax) 需要改善，而是指語意 (semantics) 需要充實。換言之，證明的本質不在「文法」，而是「意義」。

在上述這兩則引文中，兩位作家都運用了「證明是一種敘事」的比喻，從而解說數學敘事的重要性。所謂數學敘事 (mathematical narrative)，是指用以建構或溝通意義的一種敘事。正如前述，這種敘事有助於我們對數學的更深入理解。因此，類似這一類的數學敘事，也絕對可以裨益我們的歷史想像，儘管我們無法像後代史家一樣，可以利用這些（小說）敘事，作為刻畫當代數學文化風格的依據。最後這個提議出自史家史特朵 (Jacqueline Stedall) 的《數學史極短篇》(*The*

⓫ 引同上，頁 139。

History of Mathematics: A Very Short Introduction)，因為在數學社會史的進路中，「小說家可能是數學當代觀點最精明且清晰之記錄者」。⓲

 ### **1.5　有關本書著述**

由於 HPM 是我們的主要關懷之一，所以，在本系列《數之軌跡》中，我們用以敘事或論述所選擇的文本 (text)，無論原始典籍或二手文獻 (primary and secondary source material)，都優先考慮到讀者是否可以「設法」理解。也就是說，我們期待只要讀者擁有初等的（或高中程度的）數學素養，就能通過「無礙」的思考，而得以領悟數學家在過去所創造的數學知識、相關的數學實作，以及其文化思想脈絡。

基於此，我們秉持「江河不擇細流」的信念，參考、援引任何「有趣」的敘事，它們可能源自數學史著作、數學普及作品、數學小說，甚至一般的歷史著作。想當然耳，我們一定會對其中所謂的「遺聞軼事」，輔以盡力查證的基本功夫。如有漏失，當然在所難免，不過，由於我們並不在乎也不可能在意「一家之言」，因此，盡可隨時訂正觀點或史實，更何況在數學實作中，糾謬是一種本質上非常「健康」的態度。

本書除了取材開放多元之外，在方法論上，我們也運用「比較史學」進路，對比不同文明之間有關同一單元（比如圓面積公式）的研究，⓳藉以凸顯數學的「**在地特色**」(mathematics in context)。在這過程中，我們運用了前引數學史家葛羅頓－吉尼斯所謂的世界文化遺產

⓲ 引 Stedall, *The History of Mathematics: A Very Short Introduction*, p. 111。

⓳ 參考 Horng, "Euclid verse Liu Hui: A Pedagogical Reflection"。

概念。還有，這一進路的最終關懷無非是以 HPM 為依歸，比如說吧，當我們以數學為例，將中國 vs. 希臘進行對比時，說不定我們可以「參悟」不同文明的數學風格如何表現差異，從而對（譬如）演算法如何發揮它的核證「角色」，以及命題嚴格證明的意義，等等，也會有更深刻的體會。因此，儘管本書第 5 章的論述與敘事，好像不是那麼可以適應「正規的」數學通史架構，然而，我確信它不僅有助於我們理解中國數學的部分風貌，也對我們更加理解希臘數學精神，發揮了不少作用。

話說回來，本書內容主要還是引述「正規可靠」的數學通史書籍，其中有幾本所「宣示」的 HPM 理念，讓我們在參考時更是得心應手。事實上，我們有些書寫的靈感完全來自於對這些前輩傑作的引介與評論。正因為如此，第一人稱的「我」會出現在文字脈絡之中，多半用來分享本書主編的「現身說法」（或「自說自話」）。此外，這也試圖呼應目前頗為風行的科普寫作手法，亦即，在本當以第三人稱敘說來強調「史實客觀」時，將「我」的個人化角色引入，或可留給讀者一個「比附」的空間，讓數學的學習心得似乎也可比較容易找到他人來分享。

最後有關全書的目錄結構。由於本書的文幅稍長，因此，我們將分四冊（每冊一輯）出版。這四輯主題依序如下：

第 I 輯　古代的數學文明
第 II 輯　數學的交流與轉化
第 III 輯　數學與近代科學
第 IV 輯　再度邁向顛峰的數學

其中，〈中國數學〉主題是「西方數學文化的交流與轉化之另一面向」，我們將它安排在第 III 輯似乎顯得些許「落單」，不過，當時傳入明清中國的西方數學內容，都屬於第 III 輯所包括的相關單元，因此，這樣的安排應該也很合理，更何況年代順序較為吻合。

最後，讓我們交代本系列《數之軌跡》的合作與協助者名單如下：

主編　洪萬生
協編　英家銘

《數之軌跡 I：古代的數學文明》
第 1 章　洪萬生
第 2 章　英家銘
第 3 章　黃俊瑋、蘇惠玉（第 3.6 節）
第 4 章　林倉億
第 5 章　陳玉芬

《數之軌跡 II：數學的交流與轉化》
第 1 章　洪萬生（蘇意雯協助）
第 2 章　洪萬生（蘇意雯協助）
第 3 章　洪萬生（蘇意雯協助）
第 4 章　博佳佳 （Charotte Pollet，第 4.1–4.6 節）、琅元（Alexei Volkov，第 4.7 節）、林倉億（第 4.8–4.9 節）、英家銘（中譯）
第 5 章　英家銘
第 6 章　黃俊瑋

《數之軌跡 III：數學與近代科學》
第 1 章　蘇惠玉
第 2 章　蘇惠玉
第 3 章　蘇惠玉
第 4 章　陳彥宏
第 5 章　蘇俊鴻

《數之軌跡 IV：再度邁向顛峰的數學》
第 1 章　王裕仁、廖傑成
第 2 章　林倉億
第 3 章　林倉億、黃俊瑋（第 3.6 節）
第 4 章　洪萬生
第 5 章　洪萬生

　　至於主題設定以及各章內容安排，則作者群主要依據我擬定的綱要進行編寫，最後，再由我總其成，力求全書前後呼應、首尾一貫，並且盡可能敘說一個層次分明的數學故事。因此，本書如有缺漏不足，那當然是我的責任，因為全書文字已經被我修訂、補充（HPM 的關懷）或甚至改寫。不過，如果讀者覺得閱讀本書不無受用，那就請大家不吝掌聲，為這一群年輕的伙伴加油，因為他們的貢獻，我們才有這一部相當別出心裁的數學史著述。

第 2 章
古埃及與巴比倫數學

2 古埃及與巴比倫數學

2.1 人類數學之起源？古埃及與巴比倫文明中的「數」

　　人類數學的起源為何？這是個很難回答的問題。考古學家曾發現一些可能是舊石器時代人類「計數」的工具，例如二十世紀中葉在非洲剛果發現的「**伊尚戈骨**」**(Ishango bone)**，那是狒狒的腓骨，長度僅 10 公分，上面有數十個刻痕，可能是用作數量的標記。在中文世界，我們常用「正」字標記數量。用筆畫或刻痕標記數量，背後需要有「**一對一對應**」**(one-to-one correspondence)** 的思考能力，才能把實際的物品與劃記的符號對應起來。年代約在兩萬年前的伊尚戈骨，如果真的是作為標記數量使用，或許是人類思考數學最古老的起源之一。

　　在考古學的發現中尋找人類數學的起源，是十分困難的事情。把時代再拉近一些，大約一萬年前的新石器時代，主要位於現今伊拉克境內兩河流域的人類，逐漸發展出農耕，並且開始馴化大型哺乳類動物，人類文明發展的契機就出現了。超過六千年前，兩河流域南部擁有農耕能力的蘇美人 (Sumer) 族群進入青銅器時代，他們逐漸發展出政府、貿易與書寫的能力，而數學也在書寫方法演進的過程中出現。

　　蘇美人開始使用的楔形文字 (cuneiform) 與尼羅河流域古埃及人的聖書體象形文字 (hieroglyph) 是人類最早的書寫系統，有超過五千年的歷史，這兩種古老的書寫系統，都包含「數」的表示方法。古埃及人的數碼系統，是用不同的符號代表 10 的不同乘冪，如表 2.1 所示。

　　古埃及人表示整數時，會將上面的符號「加總」組合成所需的數字，例如，1067 可以表示成 ||||| ∩∩∩ 𒀳，而 20000 則可以表示成 𒀳𒀳。古埃及文字是由右向左閱讀與書寫，但讀者可以看出，在古埃及的數碼系統「加總」的邏輯中，符號的順序不會影響最終表達的整數，而且也不需要「零」的符號來表達不存在的 10 的乘冪。

表 2.1：古埃及數碼

符 號			∩	ℓ	𒀳	ℓ	ℓ	𒀳
意 義	1	10	100	1000	10000	100000	1000000

　　至於古代兩河流域發展出的數學，傳統上統稱為「巴比倫數學」。他們使用的楔形文字系統中，以 「六十位值系統」（sexagesimal place-value system，或稱 「六十進位法」） 表示整數與小數。在解釋這個系統之前，我們先簡單介紹 「**位值**」 (place-value)。在計數符號中，有一類的系統可以把同樣的符號放在不同的位置表示不同的值，最常見的就是印度·阿拉伯數碼。比如「333」這個符號，左邊的 「3」 代表三百 (3×10^2)，中間的 「3」 代表三十 (3×10^1)，右邊的 「3」 代表三 (3×10^0)，而它們合起來代表三百三十三。印度·阿拉伯數碼這個系統就是一種 「位值」 系統。位值系統的好處，就是可以用少數的符號表示任意大小的數。用漢字書寫數字時你還需要「百」、「千」、「萬」、「億」這些位數名稱，印度·阿拉伯數碼只需要 0 到 9 這十個符號就夠了。

十進位的位值系統，就是每一位都是 10 的乘冪，而古代楔形文字的「六十位值系統」，每一位就都是 60 的乘冪，所以他們在每一位上面需要五十九種不同的符號（需要「零」的時候用空位表示）。不過各位讀者不用擔心，那 59 個符號並沒有全部不同，他們用楔子在泥板上書寫類似「Y」的符號代表 1，類似「<」的符號代表 10，然後組合成 1 至 59，如下圖 2.1。

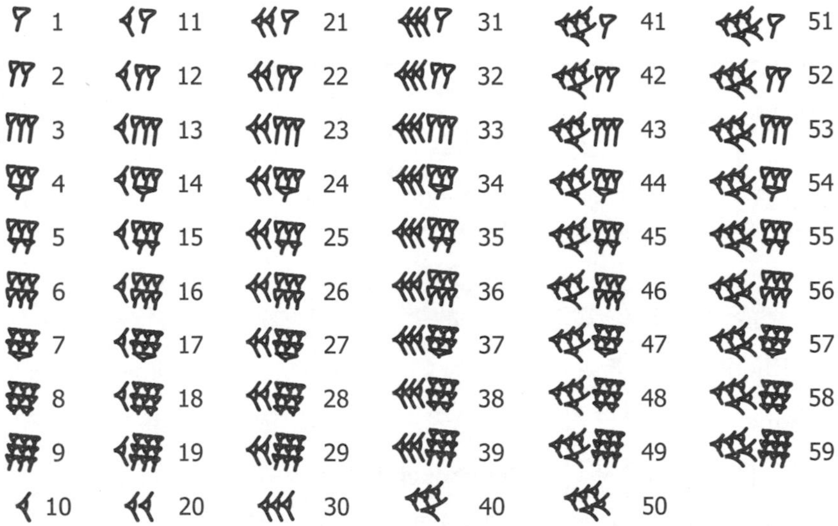

圖 2.1：六十位值系統使用的數碼

　　以下在本章中為了討論方便起見，我們仍然使用印度·阿拉伯數碼，配合逗號分隔不同位數，來表示以楔形文字書寫的數字。例如，我們可以用 [1, 30] 代表 90 ($1 \times 60^1 + 30 \times 60^0$)，[1, 12, 26] 代表 4346 ($1 \times 60^2 + 12 \times 60^1 + 26 \times 60^0$)。

　　古埃及與巴比倫文化發展出了不同的書寫系統，而他們表示整數的符號也有不同的邏輯。古埃及數碼對於每個 10 的乘冪都有一個符號，表示整數時將每一位重複書寫需要的次數，是一種「**加總**」的邏輯。巴比倫數碼使用 60 進位，用同一群符號在不同的位置表示不同的值，組合後得到需要的整數，是一種「**位置**」邏輯。比如，我們在印度・阿拉伯數碼寫成 1234 的這個整數，用古埃及數碼會寫成

，而使用巴比倫數碼會寫成 <![20, 34] = 20 \times 60^1 + 34 \times 60^0>$ ([20, 34] $= 20 \times 60^1 + 34 \times 60^0$)。在這裡我們可以看到，即使是人類最早的書寫系統中，「數」的表示方法就不只有不同的符號，還有不同的思考邏輯。數學從人類文明發展之初，就與文化息息相關。在接下來兩節，我們會分別介紹這兩個文化中的數學。

2.2　尼羅河畔，紙莎草紙上的埃及智慧

　　埃及尼羅河每年重複地氾濫，為其兩岸帶來肥沃的土壤，也孕育高度的文明。十八世紀以前，因為沒有考古學的幫助，我們只能憑藉《聖經》去了解古埃及，但自十九世紀中葉開始，隨著古埃及象形文字的破譯，以及不斷出土的考古證據，讓我們看見這個文明越來越清晰的圖像。古埃及人使用一種「**紙莎草紙**」(papyrus) 來作為書寫的載體。「紙莎草紙」是由埃及當地的一種蘆葦所製成，由於紙莎草的耐久度略高於竹簡或紙，所以，埃及文明比起東亞文明留下了更多千年以上的古代文本，最古老的古埃及數學紙莎草文書，年代大約在西元前十七世紀前後。現代學者就是藉著那些數學紙莎草文書，去重建古埃及人的生活與他們獨特的數學。

讓我們從四則運算講起。由於古埃及數碼表示整數時使用的是「加總」的邏輯，所以他們的四則運算在加、減法上是用直覺的加總與消去的想法，兩數相加就把符號整理在一起，有需要時進位，兩數相減就從被減數中拿到減數的符號，有必要時借位，十分簡便。至於乘、除法，他們有另外獨特的邏輯，就是基於「加倍」與「折半」兩種運算的乘除系統。這種系統進行乘除法運算時，所需的先備知識只有加法與兩倍乘法表，而兩倍乘法表也只需要加法即可得出，所以他們幾乎只需要以加法為基礎就可以進行乘、除法。我們可以看下面的例子（為討論方便起見，我們仍使用印度・阿拉伯數碼表示數）：17 乘以 13。計算過程如下：

$$
\begin{array}{ll}
\rightarrow \ 1 & 17 \\
\quad\ \ 2 & 34 \\
\rightarrow \ 4 & 68 \\
\rightarrow \ 8 & 136 \\
1+4+8=13 & 17+68+136=221
\end{array}
$$

在此例中，計算者不斷將被乘數 17 加倍，並把倍數寫在左側，一直到左方出現了 8 倍才停下來，因為下一個 2 倍 16 就會超過乘數 13。由於 $1+4+8=13$，所以 17 的 1 倍加 4 倍加 8 倍，也就是 221，即為所求。這樣的方法適用於所有整數間的乘法，是由於這個事實：「任何整數都可表為 2 的乘冪之和」。比如

$$
13 = 2^0 + 2^2 + 2^3 \ ;
$$
$$
25 = 2^0 + 2^3 + 2^4 \ 。
$$

這個規則就是現代電腦所遵循的二**進位原理**。

　　古埃及的除法運算與乘法過程類似，我們再來看一個例子，184除以 8。

$$
\begin{array}{ll}
1 & 8 \leftarrow \\
2 & 16 \leftarrow \\
4 & 32 \leftarrow \\
8 & 64 \\
16 & 128 \leftarrow \\
1+2+4+16=23 \qquad & 8+16+32+128=184
\end{array}
$$

計算者的做法是不斷地把除數 8 加倍，他算到 16 倍停止，因為 128 再加倍就會超過被除數 184。接著計算要找出右方 8 + 16 + 32 + 128 等於被除數 184，所以將對應左方的倍數 1、2、4、16 加起來即得答案23。

　　如果右方的數字組合無法得到被除數，也就是無法整除，此時就必須引入分數，而且採取「折半」的策略來計算。古埃及人對分數的認知與現代人截然不同，下面讓我們介紹古埃及的「**單位分數**」(unit fraction)。

　　古埃及數學最獨特的部分，應該是「單位分數」的系統，所謂「單位分數」，從現代分數表示法的觀點來看，是指分子為 1 的分數。古埃及書寫這種分數的方法，是將某個整數符號的上方加上一個橢圓形的記號，來代表這個整數的倒數，例如，$\frac{1}{12}$ 表示成 〇。為了方便起見，在本章中我們用 $\bar{2}$ 代表 $\frac{1}{2}$，$\bar{3}$ 代表 $\frac{1}{3}$，以此類推。除了有代表

$\dfrac{2}{3}$ 與 $\dfrac{3}{4}$ 的特殊符號之外，所有的古埃及分數都是某個整數的倒數，似乎在古埃及的世界觀中，所有小於 1 的（正）數，只能是某個整數的倒數或是某些整數倒數之和，比如現代符號的 $\dfrac{8}{15}$，他們會表示為 $\overline{3}+\overline{5}$。埃及人在表示分數時，不會重複使用同樣的單位分數來相加，所以，$\dfrac{8}{15}$ 並不會寫成 8 個 $\overline{15}$。古埃及留下的紙莎草數學文書，包含了一個俗稱「2/n」的列表（如表 2.2，以現代符號表示），就是 2 除以 n 所得的結果，其中 n 為 3 至 101 的奇數。他們不會把 2 除以 n 表示成 $\overline{n}+\overline{n}$。在這個表中，有相對簡單的等式，例如 $2\div5=\dfrac{1}{3}+\dfrac{1}{15}$，也有極複雜的等式，像是 $2\div97=\overline{56}+\overline{679}+\overline{776}$。任何一個有理數表示成單位分數的方式可能是不唯一，例如 $2\div17=\overline{12}+\overline{51}+\overline{68}=\overline{9}+\overline{153}$，但我們不確定埃及人為何選擇前者而非後者。無論如何，使用單位分數的埃及文化，勢必要有許多這樣的列表來幫助計算。

當古埃及人進行除法運算且無法整除時，折半的策略就會出現。我們再舉一個例子，19 除以 8。

$$
\begin{array}{rc}
1 & 8 \\
\rightarrow\quad 2 & 16 \\
\overline{2} & 4 \\
\rightarrow\quad \overline{4} & 2 \\
\rightarrow\quad \overline{8} & 1 \\
16+2+1=19 & 19\div8=2+\overline{4}+\overline{8}
\end{array}
$$

此題中計算者先將 8 加倍至 16，但發現繼續加倍下去無法找到答案，於是，他就將 8 不斷折半，直到右方部分數字之和能達到 19 為止。埃及人當然還有一些更複雜的計算技巧，但整體來說，乘、除法計算的邏輯就是「**加倍**」與「**折半**」。

埃及人在算術上有獨特的邏輯，在幾何上也留下豐富的遺產。傳統上古希臘人認為他們許多的幾何知識都來自埃及，只是我們在考古學上無法找到夠多證據支持。古埃及人有許多基本幾何圖形的面積公式，包含圓面積的近似公式。我們知道古埃及人留給世人最重要的文化遺產之一，是許多金字塔建築，可惜現存的古埃及數學文本中沒有提到金字塔體積公式的計算。

古埃及人依照天空星座決定金字塔的方位與相對位置，所以他們等於是「將天堂建造於地面」。金字塔是古埃及帝王的陵墓，全數位於尼羅河西岸，因為西方是前往來世的方向。既然金字塔作為王陵，而且代表古埃及人的來世信仰，所以建造必然十分慎重。從金字塔的存在，我們可以獲知古埃及人在天文與工程方面的能力。有趣的是，雖然我們沒有在紙莎草數學文書中看到金字塔體積的計算，但可以發現「**截頂方錐**」 **(truncated pyramid)** 的體積。❶所謂截頂方錐，就是將一個四角錐上方截去一個小四角錐，截面必須平行於底面，如圖 2.2。

---

❶ 這個截頂方錐體在古代中國被稱之為「方臺」或「方亭」，名詞見《九章算術》〈商功〉章，參考本書第 4.6 節。

表 2.2：紙莎草數學文書中的 2/n 表

除數	單位分數				除數	單位分數			
3	2/3				53	30	318	795	
5	3	15			55	30	330		
7	4	28			57	38	114		
9	6	18			59	36	236	531	
11	6	66			61	40	244	488	610
13	8	52	104		63	42	126		
15	10	30			65	39	195		
17	12	51	68		67	40	335	536	
19	12	76	114		69	46	138		
21	14	42			71	40	568	710	
23	12	276			73	60	219	292	365
25	15	75			75	50	150		
27	18	54			77	44	308		
29	24	58	174	232	79	60	237	316	790
31	20	124	155		81	54	162		
33	22	66			83	60	332	415	498
35	30	42			85	51	255		
37	24	111	296		87	58	174		
39	26	78			89	60	356	534	890
41	24	246	328		91	70	130		
43	42	86	129		93	62	186		
45	30	90			95	60	380	570	
47	30	141	470		97	56	679	776	
49	28	196			99	66	198		
51	34	102			101	101	202	303	606

（本表除 2/3 以外，僅寫出各單位分數之分母）

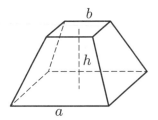

圖 2.2：截頂方錐

如果一個截頂方錐的下底面邊長 a，上底面邊長 b，高為 h，體積為 V，那麼紙莎草數學文書中給出的計算過程相當於 $V = \dfrac{h}{3}(a^2 + ab + b^2)$，這是正確體積的公式，但可惜的是，紙莎草文書的紀錄也沒有提到埃及如何導出這個公式。

　　另外一項與金字塔有關的數學，是 "*seked*"，或是金字塔側面的某種「斜率」。*seked* 的定義為金字塔底面邊長的一半除以金字塔的高，用現在數學用語來講，就是金字塔側斜面的水平分量除以垂直分量，這與現代數學斜率的定義剛好相反。古埃及人如此的定義方式有何意義呢？一個可能的原因是，*seked* 的計算不只是數學問題，它還牽涉到美感。金字塔的每一個側斜面，從遠處看起來都幾乎是很平整的三角形，不會有任何一部分明顯凸出或凹陷。建造金字塔的工人，必須要知道當他們每往上疊一層石塊時，最外面的一塊必須比下一層的外緣向內縮多少長度。如果石塊的高度是固定的，那麼他們就必須知道每單位高度需要往內移動多少水平長度，此時 *seked* 的定義方式就很自然了。所以，古人對於數學的追求，也會跟美感有關。古埃及留給現代人許多有趣的數學問題，在下一節，我們將介紹巴比倫數學留給現代世界的遺產與影響。

2.3 ## 兩河流域，穿越四千年的巴比倫數學遺產

在兩河流域出土的考古文物中，包含許多上面書寫楔形文字的「泥板」，這些泥板就是我們理解巴比倫數學的來源。最古老的巴比倫數學泥板，年代大約在西元前十九至十七世紀的古巴比倫王國時代。巴比倫數學最為現代人所知的元素，或許是將一個圓分成 360 度。關於這件事的起源，學者提出了許多假說，例如 360 的因數遠多於 100 的因數，或者一年的日數接近 360 天等等，但以上的說法都沒有考古或歷史證據支持，所以我們無法明確斷定真正的原因。相對於古埃及紙莎草文書，巴比倫泥板被現代學者解讀出更多關於數學的內容。在基礎算術上，古埃及人使用單位分數作為計算的工具，而巴比倫人則依賴「六十位值系統」用六十進位制的小數來進行非整數的計算。

在基礎算術之外，巴比倫人也發展出了各種的算術與代數演算法。舉例來說，巴比倫人發展出了一種求平方根近似值的演算法。如果我們想求 17 的平方根，我們估計 4 很接近但還不夠。我們也知道 $4 \times \frac{17}{4} = 17$。巴比倫人或許是經過推理，認為 4 比 17 的平方根小，$\frac{17}{4}$ 比 17 的平方根大，所以取 $\frac{1}{2} \times (4 + \frac{17}{4}) = 4\frac{1}{8}$ 為 17 平方根的近似值。如果你對 $4\frac{1}{8}$ 這個近似值不滿意，我們還可以將 17 除以 $4\frac{1}{8}$，得到的值再跟 $4\frac{1}{8}$ 平均，就得到 17 的平方根更精確的近似值，以此類推。

談到開方，就會讓人想到二次方程式。巴比倫人不見得有現代「方程式」的概念，但泥板上的某些數學問題與解法，的確相當於二次方程式的問題。古巴比倫泥板上多數的二次方程式問題都有下面這樣的標準型：

$$x + y = b \qquad xy = c$$

這種問題通常以某長方形長寬和為 b，面積為 c 來包裝，要求長與寬。泥板上記錄的過程，是令 $x = \dfrac{b}{2} + z$，$y = \dfrac{b}{2} - z$，則 $c = (\dfrac{b}{2} + z)(\dfrac{b}{2} - z)$ $= (\dfrac{b}{2})^2 - z^2$。我們可以觀察到 $z = \sqrt{(\dfrac{b}{2})^2 - c}$，所以

$$x = \frac{b}{2} + \sqrt{(\frac{b}{2})^2 - c} \qquad y = \frac{b}{2} - \sqrt{(\frac{b}{2})^2 - c}$$

巴比倫人並不使用現代的符號代數，所以他們並不會真的給出前一段的公式，從泥板上的數值計算過程來看，巴比倫人似乎是使用幾何圖形來思考。如圖 2.3，一般來說，如果 $x + y = b$，$xy = c$，我們可以用 $\dfrac{b}{2}$ 為邊作一個正方形。因為 $\dfrac{b}{2} = x - \dfrac{x - y}{2} = y + \dfrac{x - y}{2}$，由圖上可看出以 $\dfrac{b}{2}$ 為邊長的正方形比以 x、y 為兩邊的長方形多出以 $\dfrac{x - y}{2}$ 為邊長的正方形。也就是說

$$(\frac{x + y}{2})^2 = xy + (\frac{x - y}{2})^2$$

圖 2.3 告訴我們，把深灰色正方形的邊長 $\sqrt{(\dfrac{b}{2})^2 - c}$ 加上 $\dfrac{b}{2}$ 會得到 x，如果你從 $\dfrac{b}{2}$ 減去那個邊長會得到 y。

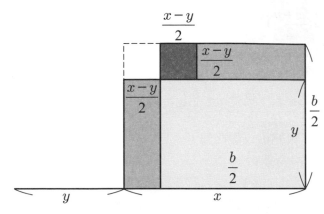

圖 2.3：$x + y = b$，$xy = c$ 的幾何解題過程

其他巴比倫人討論的二次方程問題也可以用類似的幾何推理解決。例如有另一類的問題

$$x - y = b \qquad x^2 + y^2 = c$$

這個問題的解答可以用現代方程式表示：

$$x = \sqrt{\frac{c}{2} - (\frac{b}{2})^2} + \frac{b}{2} \qquad y = \sqrt{\frac{c}{2} - (\frac{b}{2})^2} - \frac{b}{2}$$

如圖 2.4，我們可以看出

$$x^2 + y^2 = 2(\frac{x+y}{2})^2 + 2(\frac{x-y}{2})^2$$

因此 $c = 2(\frac{x+y}{2})^2 + 2(\frac{x-y}{2})^2$，所以 $\frac{x+y}{2} = \sqrt{\frac{c}{2} - (\frac{b}{2})^2}$。因為 $x = \frac{x+y}{2} + \frac{x-y}{2}$ 且 $y = \frac{x+y}{2} - \frac{x-y}{2}$，我們可以得到最後的解答。

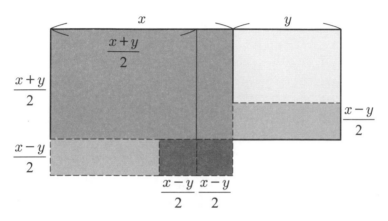

圖 2.4：$x - y = b$，$x^2 + y^2 = c$ 的幾何解題過程

　　前面的二次方程問題用長方形包裝，最後我們再舉另一類的問題，這類的問題通常會給定正方形面積與邊長的某個倍數之和，要求正方形邊長。以現代符號表示，這個問題就是要解 $x^2 + bx = c$，而它的解答就是

$$x = \sqrt{(\frac{b}{2})^2 + c} - \frac{b}{2}$$

上述解法的幾何思維過程，可以用圖 2.5 來表示。

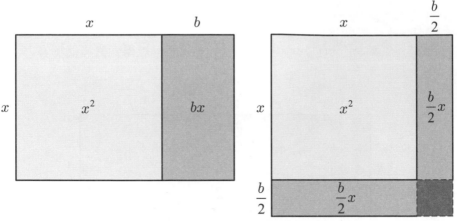

圖 2.5：$x^2 + bx = c$ 的幾何解題過程

　　巴比倫人討論過許多二次方程的問題，而上述的幾何思考方式可能是他們的解題方式之一。不過要提醒讀者的是，關於這些問題在泥板上都只有文字的計算過程，沒有幾何圖形，而數學史家對於（我們「理性重建」的）這些幾何思維是否確實為巴比倫人的思考方式，仍然沒有定論。

　　巴比倫數學中最為世人所知的泥板，當屬收藏於哥倫比亞大學的「普林頓 322」(Plimpton 322) 泥板，這可能是一塊古代巴比倫教師使用的參數表。這塊泥板上共有 15 列的數字，如果我們把這些數字轉譯成十進位的印度・阿拉伯數碼，這塊泥板可以整理成表 2.3。

　　表 2.3 的數字，除了右起第一行的 1 至 15 是每列的名稱之外，其他看來像一堆亂碼。經過數學史家的解讀，右起第二行與第三行可以分別代表直角三角形的斜邊 c 與一股 b，根據畢氏定理，我們可以求出直角三角形的另一股 $a = \sqrt{c^2 - b^2}$。例如，由第一列的 $c = 169$ 與

$b = 119$，我們可以得到 $a = \sqrt{169^2 - 119^2} = 120$，也是一個整數。事實上，這裡的每一列計算出來的 a 值都是整數。至於最左邊的一行，就是 $(\frac{c}{a})^2$ 的近似值，例如第一列 $(\frac{169}{120})^2 \approx 1.9834028$。最左行的數值由多到少，表示 c 與 a 的比值越來越小，也就是說，如果我們把這些直角三角形畫出來的話，c 與 a 的長度越來越接近，就表示它們的夾角越來越小。

表 2.3：普林頓 322 泥板上的數字

1.9834028	119	169	第 1
1.9491586	3367	4825	第 2
1.9188021	4601	6649	第 3
1.8862479	12709	18541	第 4
1.8150077	65	97	第 5
1.7851929	319	481	第 6
1.7199837	2291	3541	第 7
1.6927094	799	1249	第 8
1.6426694	481	769	第 9
1.5861226	4961	8161	第 10
1.5625	45	75	第 11
1.4894168	1679	2929	第 12
1.4500174	161	289	第 13
1.4302388	1771	3229	第 14
1.3871605	56	106	第 15

這塊泥板讓我們看到很多事情。首先，在古代巴比倫的數學使用

者知道「畢氏定理」的內容。再者，如果我們任意指定直角三角形的兩邊長為兩個整數，計算出來的第三邊不一定會是整數，但古巴比倫人有某些方法找到三邊長都是整數的直角三角形，而且可以根據他們想要的角度來排列順序，這是很令人驚奇的事情，可見古代巴比倫數學，已經具有很高的水準。

巴比倫數學的遺產，其實並未在歷史中消失，甚至還影響人類世界至今日。各位讀者幼年在學習英文時，會不會覺得「秒」和「第二」這兩個詞的英文都是 second 很奇怪？其實，這就是巴比倫數學的遺產。在本章第 1 節提到，巴比倫人發展出了六十進位法，這是距今約四千年前的事情。西元前六世紀，東方的波斯帝國成為兩河流域的統治者。西元前 330 年，波斯帝國被亞歷山大大帝征服，兩河流域被希臘化，而巴比倫的數學知識與六十進位法也被希臘人吸收。

兩河流域的文化與希臘文化相互碰撞的結果，使得使用六十進位法記錄的數學與天文觀測資料，被希臘學者使用。希臘化時代的天文學家，繼承巴比倫人遺留下來的資料發展天文學。因為巴比倫人用六十進位法書寫數字，希臘天文學家為了記錄方便，也使用類似的方式記錄天文學上的數字。他們將 $\frac{1}{60}$ 稱為「第一小單位」，將 $\frac{1}{60^2}$ 稱為「第二小單位」。希臘人的「第一小單位」與「第二小單位」，被中世紀的阿拉伯學者沿用。當阿拉伯學者的作品，於十二世紀被翻譯成拉丁文傳回西歐的時候，這兩個詞彙就意譯為 *pars minuta prima* 與 *pars minuta secunda*。這兩個詞彙進入英語世界後，被縮寫成 minute 與 second，而則中文稱它們為「分」與「秒」。所以，「秒」真的是「第二」，它就是「第二小單位」。經過四千年，古代巴比倫人的數學遺產，仍然影響著我們的生活！

古埃及與巴比倫的數學再評價

　　古埃及與巴比倫的數學，可能是人類文明最早對於數學的追求。後來的希臘數學，繼承了不少古埃及與巴比倫的遺產。由於希臘文化發展出數學的公設演繹體系，使得關於數學的抽象思維有極大的進展，並且為後來的歐洲數學及現代數學奠定良好的基礎，相較之下，古埃及與巴比倫的數學似乎就沒有那麼大的影響。因此，二十世紀前半部分較為傳統的論述中，常常將古埃及與巴比倫的數學，視為在地上爬行的嬰兒，而從古希臘文明開始，人類的數學發展才算站立起來。

　　然而，上述的評論，或許不夠公允。古埃及與巴比倫的社會，是人類最早的書寫文化。他們獨自發展出許多數學方法，面對真實世界的問題。以後見之明來說繼承古埃及與巴比倫部分文化遺產的希臘比前者有更高度的數學發展，本來就不盡公平。古文明中的數學發展原本就是來自真實世界的需要，所以在古埃及與巴比倫的數學中，有許多面積、體積、開方、時間計算等等應用問題，本就不應該是貶低他們文化成就的理由。數學在真實世界的應用，跟數學在抽象思維的發展，都是人類文明很重要的創造。

　　再者，古埃及與巴比倫的數學中，除了真實世界的應用問題之外，其實也展現出某種程度的抽象思考。例如，巴比倫人對二次方程式的考慮，以及普林頓 322 泥板上尋找特定角度直角三角形三邊的整數比。以後者來說，如果我們要製作某個角度的斜坡，我們只需要找到包含這個角度的直角三角形，其三邊長有大概的比值，但不需要要求邊長是整數。普林頓 322 泥板上的數字，恰恰證明巴比倫人也可能為了某種純粹知識上的目的來討論數學。

　　從數學史的角度來說，數學與文化是息息相關的。本章介紹的古埃及與巴比倫數學，讓我們看到古代尼羅河與兩河流域的文化與其中的數學思考。本書接下來的章節，也會繼續介紹不同文明中的數學，讓讀者同時學習數學也欣賞不同文明的價值。

第 3 章
希臘數學

3 希臘數學

　　古希臘人追求真理，他們相信世界規則有序，同時，宇宙運作遵守數學定律，人類運用純粹思維可以發現些定律。希臘人利用理性，了解自然的定律，勇於探索、發現潛藏其中的設計。

　　引伸出來的看法，是認為吾人研究數學是為了彰顯大自然的數學設計，追求數學設計等同於追求真理。這樣的觀點成為現代數學與科學發展的重要基礎，可以溯源並歸功於古希臘數學家。

　　在本書中，我們將描述古代多個文明所發展出歧異而多樣的數學知識活動與文化，但是，將邏輯論證與證明置於數學中心位置，進而形塑了兩千多年來的數學典範，卻是古希臘的哲學家與數學家。我們將簡要敘述他們的成就之歷史風貌。為了讓內容不致於過度龐雜，我們將聚焦在歐幾里得、阿基米德，以及阿波羅尼斯等三大家。當然，為他們布置一個恰當的歷史場景，他們之前的畢氏學派及相關的數學成果，乃至於一直充當「後見之明」的希臘化時期 (Hellenistic period) 的數學，也都需要「適時地」引領出場，讓古希臘數學的故事可以呈現出一個融貫的 (coherent) 風貌。

 3.1 **希臘數學的開端與畢氏學派**

3.1.1　希臘數學的開端

　　對比於古埃及與古巴比倫數學，希臘數學並非單指現今希臘境內的數學知識活動史，希臘數學家們的地理位置分布，亦不僅限於現今

的希臘半島。「希臘」這詞，意指當時地中海地區受教育者以及商業間的共同語言——希臘文，乃至所涉之共同文化。

早期希臘文明的中心，在小亞細亞西海岸上的殖民地。大約西元前 600 年左右，這些殖民地位居交通要衝，與巴比倫、埃及相鄰，貿易及航海成為人們賴以維生的重要事業。由於建造船隻的需求，他們開始發展工業，透過航行互通，希臘殖民者得以學習過去所不知道的知識，並展現出對航海和天文學的關懷與興趣。

希臘數學活動跨越了一千多年，從約莫西元前 600 年的泰利斯（Thales of Miletus，約西元前 624–前 547），到大約西元 470 年的普羅克洛斯（Proclus，約 412–485）。這時期數學家們的原始手稿多已遺失，其中柏拉圖（Plato，西元前 427–前 347）、亞里斯多德（Aristotle，西元前 384–前 322）的手稿以及歐幾里得（Euclid，約西元前 325–前 265）的《幾何原本》，主要藉由後人重複抄寫與複印而保留下來，傳抄的過程中，存在許多錯誤並保留了後人添補的成果。

和古埃及、古巴比倫數學知識活動不同的是，實務應用並非早期希臘數學家們最感興趣的部分。他們關心幾何概念之間的關係，發現幾何圖形的性質，並尋求幾何定理的邏輯基礎。據史家記載，跨出第一步的學者是泰利斯，他是有名的希臘七賢之一。

泰利斯是一位商人，曾在埃及和巴比倫間旅行、學習數學。傳說中當他遊歷至埃及時，利用垂直於地面的棍棒與其影長，測得金字塔的高度，並基於從巴比倫所獲得的知識，預言日蝕。泰利斯被認為是第一位企圖證明某些數學定理的數學家，他發現了許多幾何性質，諸如等腰三角形的兩底角相等、兩相交直線的對頂角相等、兩個三角形的全等性質、圓被任一直徑所平分，以及內接在半圓的角是直角等。

3.1.2 畢達哥拉斯與畢氏學派

繼泰利斯之後的重要數學家是畢達哥拉斯（Pythagoras，約西元前 569–前 475），活躍於西元前 570 年至前 500 年左右。他曾經遊歷於埃及與小亞細亞之間，因而有機會接觸埃及與巴比倫人的文明。後來定居於義大利半島南部的克羅托納 (Crotona)，並創立畢氏學派 (Pythagorean) 或稱畢氏兄弟會 (brotherhood)，此學派的諸多成就與想法，最終都歸給畢達哥拉斯。儘管後人將畢氏定理的發明歸功於畢達哥拉斯，但我們確實無從考證，此定理是否是他本人所發現。

畢氏學派的哲學主張帶有神祕主義與宗教色彩，並以連接正五邊形各對角線所得之五芒星形（五角星形）作為學派的符號。他們提出**「萬物皆數」(Everything is number)** 的理念，自然現象唯有透過數及其比 (ratio/*logos*) 才能解釋，這也使得數目（即正整數）在日常生活事物中，扮演重要角色。

他們洞察音調高低與數目之間的關係，憑經驗發現自然法則。傳聞中當畢達哥拉斯經過鐵匠鋪時，發現敲打在鐵砧上的不同鐵鎚，竟形成不同的音高。經測量得知鐵鎚的重量比為 12，9，8 及 6，且由最重鐵鎚所敲出的音開始，分別為第四度、第五度及第八度音。然而，若第 5 根鐵鎚的重量與其他鐵鎚不呈現簡單整數比，則發出的音樂並不和諧。此外，弦長也決定了撥弦所發出樂音的高低，例如，將 12 單位的弦長縮短為原長度的 $\frac{3}{4}$（即 9 單位），得到高四度的音；縮短為 $\frac{2}{3}$（即 8 單位），得到高五度的音；縮短為 $\frac{1}{2}$（即 6 單位），則可得到高八度的音。每一種和諧音程的相對弦長，都可用簡單整數比表示，因此，音樂與整數之間密切關聯。

畢氏學派強調數目與幾何之間的關聯性，其中 1，2，3 與 4 分別

對應了點、線、平面與空間，因此，1，2，3，4 是幾何上最重要的四個基本數字。他們把點視為數目並研究圖形數，例如 1、3、6、…等是三角形數，連結了數與三角形；1、4、9、…等是四邊形數，連結了數與四邊形；1、5、12、…則是五邊形數，連結了數與五邊形（如圖3.1 所示）。

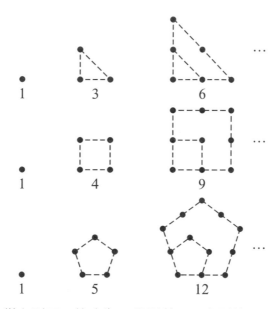

圖 3.1：從上到下，依序為三角形數、正方形數、正五邊形數

　　畢氏學派還把行星的運動化約成數字關係，他們相信天體運動會發出樂音，並依據它們距地球之遠近而異。由於大自然的特性可化約為數字，又因為 1、2、3、4 格外重要，且加起來等於 10，因此 10 是理想的數，是造物主設計宇宙的依據，從而相信天空必有 10 個天體。如此他們把天文、音樂與幾何都化約為數字。該學派中的阿爾希塔斯

（Archytas，約西元前 428–前 350）更將數學分成音樂、天文、幾何與數論 (*arithmetica*) 等四個學科，❶並稱之為「**雅典四藝**」(*quadrivium*)，往後也成為歐洲幾個世紀裡的大學通識必修課程，一直延續到文藝復興時期。

在數學方法上，畢氏學派開始建構形式論證：每個定理都可藉由已知的定理證明。他們研究平行線，證明三角形的內角和會等於兩個直角；他們可能已熟悉五個正多面體（柏拉圖立體），並且從幾何脈絡中，證明了正方形對角線與邊之比，無法表示成兩個正整數之比，並稱此類線段為不可公度量 (*alogos*/incommensurable)，即不可用正整數的比表達之意。由於萬物都可化約為自然數的哲學觀，因此，不可公度量比（或無理數）的發現，對畢氏學派而言，無疑是一場哲學教條的巨大災難。傳說希波索斯 (Hippasus) 因洩漏了畢氏學派的發現，觸犯所有成員都必須遵守的信條，因而死於海上。❷

---

❶ "logistica" 與「算術運算」(logistics) 有關，現代用法與「物流（管理）」有關。而 "arithmetica" 則是研究數目抽象性質的學問，以正整數為主要研究對象。一般而言，logistica 是由商人與奴隸所掌握，而 arithmetica 則受到哲學家與悠閒的紳士們所關注。因此，古希臘人的 arithmetica 稱為「數論」(number theory) 較恰當。

❷ 在此補充說明無理數 (irrational number) 之語源，它是從 ration 的拉丁文語源 *logos* 演變而來，英文的 ratio 原意是「比」的意思。可以寫成兩個整數之比的稱為有理數。由此來看，無理數為「不可表達的數」(*alogos*)，也就是不能寫成兩個整數之比的數。這個概念及形式，又是從畢氏學派的「可公度量的」(commensurable) 與「不可公度量的」(incommensurable) 觀念演化而來的。畢氏學派相信「數目」（即正整數）是所有事物的本質，和事物的計算相連。為了計算長度，需要有不可分割且保持不變的度量單位，兩個線段如果都可以用同一個單位元量盡，就稱這兩個線段為「可公度量」。反之，如果不能同時量盡，就稱為「不可公度量」，例如前述的正方形對角線與邊。

古希臘三大幾何難題

古希臘數學家並不賦予面積一個數值，他們研究面積的方法，是試圖作一個長方形或正方形，使其與給定圖形的面積相同。至於為何採取如此複雜的方式，應與畢氏學派萬物皆數的主張有關。對古希臘人而言，「數」的範疇只限於正整數，任意兩數都可以找到公度量。不可公度量的出現，使得他們不以數來表示線段的長度或者區域的面積，因此，在處理平面圖形時，只有「面積」的比較，而沒有面積公式。

給定三角形或其他多邊形，容易作一個長方形或正方形，使其與給定圖形的面積相同。當問題延伸至曲線形呢？例如給定一圓，是否能作出一個正方形使其「面積」恰等於該圓之「面積」？上述問題就是古希臘三大幾何作圖 （或尺規作圖） 難題之一的化圓為方 (To square a circle)。此外，還有倍立方 (Duplication of the cube) 與三等分任意角 (The trisection problem) 問題。其中，倍立方問題是指給定一個正立方體，求作一個體積為其兩倍的正立方體，而三等分任意角問題，則是想找到可以將給定的任意角三等分的方法。

這裡須注意的是，古希臘數學脈絡下的「幾何作圖」或「幾何建構」，指的是在「尺規作圖」的規範下完成，亦即僅能使用沒有刻度的直尺與圓規，在有限多步驟下，完成相關的作圖。這樣的限制，可能歸因於柏拉圖的理念，他認為直線與圓是基本而完美的幾何圖形，藉由這兩種曲線便足以完成其他作圖問題。同時，也反映在《幾何原本》針對直線與圓作圖之規範。

化圓為方問題的主要研究者是希波克拉堤斯 （Hippocrates of Chios，約西元前 470–前 410），他是此時期最偉大的幾何學家之一，編寫了第一本幾何教科書《幾何學原理》(*Elements of Geometry*)。他

成功地將新月形化為正方形，即作一正方形，使其與給定的新月形有相同面積，而新月形是指由兩個不同的圓之圓弧所圍成的平面圖形（如圖 3.2 中的區域 I 和區域 II），他認為將新月形化為正方形，能引導出化圓為方的解法，可惜最終失敗收場。

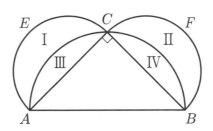

圖 3.2：新月形與化圓為方

　　從泰利斯到希波克拉堤斯的這一百五十年間，幾何學有了相當程度的進展。希波克拉堤斯提出許多平面幾何的知識：如全等、相似、面積、面積的比、畢氏定理以及其他相關定理、圓上的角和各式各樣的作圖，許多研究成果後來也被歐幾里得納入《幾何原本》的前四冊中。此外，泰利斯僅提出一些定理的直觀性「證明」，但希波克拉堤斯試圖較嚴謹地證明這些定理，為幾何學從直觀進展到演繹鋪路。

　　倍立方問題與下列傳說有關，米諾斯 (Minos) 國王為他的兒子葛勞庫斯 (Glaucus) 建造一個立方體形狀的墓碑。當他知道落成的墓碑每邊只有 100 呎時，認為墓碑太小，希望將墓碑的體積改為原本的兩倍。另一個傳說則是阿波羅 (Apollo) 藉由神諭，命令迪洛斯 (Delos) 的居民，將他們建造的正立方體祭壇的體積變成原來的兩倍，且形狀仍維持正立方體。當地居民無法達成要求，遂請教柏拉圖。柏拉圖告訴

居民：阿波羅這道命令的目的，並非想要兩倍大的祭壇，而是希望藉此強調數學的重要性。❸

　　古希臘人對於正多邊形內角的作圖相當感興趣，例如正三角形、正五邊形的內角，這個問題與正多邊形之尺規作圖問題相關。當時的數學家能重複利用下述步驟作出其他角：⑴將給定的兩角相加；⑵從給定角減去另一角；⑶平分一給定角。以此為基礎，進而做出更多的正多邊形。然而，三等分任意角卻難倒當時的數學家，而成為尺規作圖三大難題之一。

　　儘管從現代數學的後見之明來看，古希臘三大幾何難題在直尺和圓規的限制下皆無法完成，請參考《數之軌跡 IV：再度邁向顛峰的數學》第 3.4 節中的「伽羅瓦理論」。然而，古希臘人卻嘗試發展出直線和圓之外的曲線，或直尺和圓規以外的機械工具來「解決」這些問題。在其過程中，他們創造出一些有趣的新曲線並獲得許多數學新知。譬如，阿基米德就發明了三等分角的作圖工具（如圖 3.3），不過，他當然沒有解決原先規範的尺規作圖題。

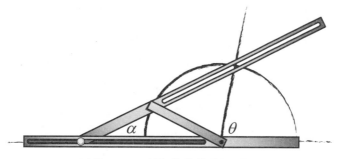

圖 3.3：三等分角作圖工具

---

❸ 相關傳說參考、改寫自《數學起源：進入古代數學家的另類思考》。

3.3　古典時期與數學哲學

　　大約為西元前五到四世紀這段期間為古希臘的古典時期 (classical period)。此時期希臘思想家輩出，誕生許多偉大的創作，對整個西方文明乃至於現代政治、藝術、科學、文學、哲學等方面產生深遠的影響。古希臘哲學家們熱愛知識，他們嘗試觀察、了解大自然的循環與變化，尋求宗教領袖外的解釋。然而，人類的感官知覺與經驗推理是否可靠？外在世界的變化是否造成誤導？這些問題引發他們對於理性思考的崇尚、對於知識確定性的追求，並成為當時的思想潮流。

　　古典時期與數學相關、比較著名的學派包含伊利亞學派 (Eleatics)，以及柏拉圖為代表的雅典學園等。而對於數學知識本質的探討，也可追溯到此時期的哲學家柏拉圖及亞里斯多德，他們為數學哲學與後來的數學發展奠下基礎，影響後人思考數學、建構數學知識的方式。

3.3.1　伊利亞學派

　　西元前五世紀的伊利亞學派，是早期希臘重要的哲學流派，門派的開創者可能是贊諾芬尼斯（Xenophanes，西元前 570–前 475）。他是一位具批判精神的詩人，並對當時的宗教觀提出異議，引起了宗教與哲學之爭。伊利亞學派的巴門尼德（Parmenides，約西元前 514）對希臘邏輯、知識論與形上學有著深刻的影響。他認為變化是不可能的，並堅持唯有理性思考才可信任，感官知覺既不可靠又容易造成誤導。

　　巴門尼德的學生芝諾（Zeno，西元前 490–前 430）進一步提出和空間、時間、以及運動相關的悖論，❹透過這些邏輯推論沒問題，但是結論違反直觀的悖論，他聲稱變化與運動不可能。變化是一種幻覺，

只是感官的欺騙，並不存在，同時，運動之物也不存在。針對這些主張，他以悖論來提供論證。其中，阿基里斯悖論指出：速度較慢者絕不會被較快者追過去。例如，若烏龜的起跑線在阿基里斯起跑線前方 10 公尺，且阿基里斯每秒跑 10 公尺、烏龜每秒跑 1 公尺。當阿基里斯到達烏龜起跑的位置時，烏龜已經往前移動到新位置；每次當阿基里斯到了烏龜所在的新位置時，牠又往前移動了一點，如此不斷推論下去，阿基里斯就永遠無法追上烏龜。

　　這個悖論以及他的另外的「二分悖論」與「飛矢不動悖論」，都涉及了極限與無窮級數理論，例如，在「阿基里斯悖論」中，阿基里斯追趕的過程可以拆成無限多個步驟，但其時間總和卻是有限的，所以，烏龜在有限時間內就會被追上。這表示無窮多個微小時間量的總和為一有限時間。因此，微觀來看，阿基里斯雖然在無窮多個時間點上都未能追過烏龜，但宏觀來看，只要已知雙方距離與速度，就能確切說明並計算出阿基里斯超越烏龜的時間。

　　芝諾的這些悖論，使得後來的希臘數學家及哲學家認為直覺不可靠，他們意識到無窮這個概念所產生的問題，又因無法完全釐清而選擇迴避、不敢輕易碰觸。例如，亞里斯多德就拒絕「**真實無窮**」(actual infinity) 的存在；歐幾里得《幾何原本》中涉及平行相關定義和設準、質數個數時，顯然都迴避「無限」一詞的使用。歐幾里得與阿基米德則都使用「麻煩的」窮盡法、邏輯嚴謹的歸謬法，來證明許多面積與體積「公式」。

4　芝諾本人並沒有著作或文獻流傳下來，我們只能從亞里斯多德的著作，得知芝諾悖論的部分內容。

3.3.2　柏拉圖與數學哲學

　　柏拉圖創立了雅典學園，成為當時思想家們匯聚的學術中心，他延續了畢氏學派的理念，發揚並傳播著「大自然出於數學設計」的觀點。柏拉圖認為造物主不僅是理性的工匠，也是數學家，按照幾何原理構造宇宙。他在《蒂邁歐篇》(*Timaeus*) 中對五個正多面體已有描述，並曾經闡述「幾何原子論」，將四元素：土、水、氣、火分別連結正多面體：火－正四面體、土－正六面體、氣－正八面體、水－正二十面體，而正十二面體則代表第五元素，是整個宇宙的根本要素。

　　柏拉圖對於數學本質的探討，我們在第 1.2 節中已有論述，此處再引述他的《理想國》(*The Republic*) 之主張：「幾何學想要獲得的是永恆的知識，而非短暫無常之物的知識。」因此，對他來說，數學處理理念，而非畫在紙上的不完美標記，❺我們所畫的線必定有寬度與粗細才看得見，所畫的角與線段，在度量上也不可能完全等值，因此，所畫的圖形會干擾論證，它們僅被數學家當成一種意象 (image)，雖然使用看得見的圖形進行討論，但心裡思考的並非這些圖形，而是圖形所表徵之物。

　　還有，傳說中的「不懂幾何者不得進入」雅典學園之要求，除了強調幾何學培養論證邏輯能力外，柏拉圖更是指出：數學的思考與訓練，可以幫助吾人的靈魂從「**現實世界**」(becoming) 提升到「**理想世界**」(being)，引領我們超越不完美的物質世界，看穿變化無常的幻海與表象，洞見抽象事物的本質。這些抽象思考的能力與素養，對於政治家或軍事領袖尤其必要。

---

❺ 例如紙上所畫的正方形圖形並非真正的正方形，正方形是抽象的數學理念，是有一個直角的平行四邊形，同時所有的邊都等長。藉由「四邊形」、「平行四邊形」、「邊」、「直角」所表徵的理念，才是純粹的數學理念。

再來看柏拉圖的教育哲學，他在《米諾篇》中，利用蘇格拉底與米諾的對話，乃至蘇格拉底與（未學過數學的）奴隸男孩之對話，來演示學習不過是吾人前世記憶的追溯。蘇格拉底認為適當的提問，可以幫助奴隸男孩喚醒存在於吾人心靈或「靈魂」中的知識，因為靈魂不滅且會不斷輪迴轉世。因此，學習是一種回憶與再發現的過程。這亦即所謂的「產婆式教學法」，如同嬰兒早存在媽媽的懷中，產婆只是引導她生出小孩，數學知識存在我們靈魂深處，教師的工作是幫助學生喚醒早就存在的這些記憶。

3.3.3　亞里斯多德與其有關證明的理論

亞里斯多德是柏拉圖的學生，許多理念承襲於柏拉圖，但對於如何獲得知識以及數學與現實之間的關係，他的觀點卻和柏拉圖大不同。圖 3.4 為拉斐爾在梵蒂岡所繪製的《雅典學院》，圖畫的正中央為兩位主角，柏拉圖是右手指向天空，左手抱持《蒂邁歐篇》（如前述是探討宇宙生成論的對話錄）；而亞里斯多德手中是他的名著《倫理學》，右手掌朝下的手勢正契合他所重視的垷實世界。

圖 3.4：拉斐爾的《雅典學院》

師徒兩人的手勢分別代表兩種截然不同的哲學觀，柏拉圖主張完美而永恆不變的知識存在於理想世界，亞里斯多德則認為知識是藉由直觀與抽象，從感官經驗獲得，一旦脫離人類心智，這些抽象知識不復存在。因此，他強調從可及 (accessible)、可觀察的現實事物中，抽象出共通性質，再提升成獨立、心智的概念。因此，以三角形為例，它是從現實中或紙上所畫許許多多的三角形，所抽象出來的數學概念。

　　正如我們在第 1.2 節所指出，柏拉圖關注數學物件的本質，而亞里斯多德則關心另一個問題：數學思維的方法是什麼？亞里斯多德從當時數學家使用的許多推理方法，萃取出演繹邏輯原則。他提出著名的三段論推理：

　　　人皆會死，蘇格拉底是人，蘇格拉底終歸一死。

並且提出了矛盾律，一個命題不可能既為真，又為假；以及排中律，一個命題不為真，則必定為假。此外，他還重視演繹科學的重要性：由公設推演出定理。至於其結構，則包含**敘述句 (statement)**、**概念 (concept) 與關係 (relation)**。例如：三角形的內角和等於兩個直角和。這個數學敘述句之中，「三角形的內角和」以及「兩個直角和」這兩個概念被「等於」這個關係連結。又例如：4 大於 3。「4」與「3」這兩個概念被「大於」這個關係連結。亞里斯多德提出了「敘述句」與「概念」的理論，而「關係」的理論則相當晚近才開始發展。

　　我們必須等到一個敘述句被證明，才能接受它為真。被證明為真的數學敘述句現在稱為定理。換句話說，定理的真實性，必須以演繹法則為基礎，透過其他已知且被證明為真的定理加以證明。然而，我們無法無止盡地持續這樣的追溯過程，勢必有個起始點，不得不在沒

有證明支持的情況下，接受某些敘述句為真。也因此，演繹科學必須以不經證明即被接受的敘述句，作為建構系統的起始點。

在亞里斯多德的理論中，演繹科學的起始點包含兩類，其一是所有演繹科學接受的事實，稱為共有概念 (common notion)。再者是用於特定科學中的事實，稱為特殊概念 (special notion)。例如「從等量減去相同量，所餘仍是等量」，它不只適用於數學領域，所有與量有關的學科也接受，故為共有概念。而「通過任意二點可以畫一直線」則是屬於幾何學的事實，其為特殊概念。自亞里斯多德之後，兩者的區別持續數個世紀。共有概念又稱為**公理 (axiom)**，特殊概念則稱為**設準 (postulate)**，今日的數學家則不加以區分，通稱為**公理**（或公設，axiom）。

另一個問題是：是否允許隨意選擇一些公理，作為一門演繹科學的出發點呢？亞里斯多德認為共有概念必須是不證自明的 (self-evident)，真實性必須是顯然、沒有人會懷疑。再來，除了少數概念，其餘都必須加以定義（所有的關係亦然）：其意義必須完全透過一些已知的概念與關係來解釋。例如：平行四邊形定義為兩組對邊皆平行的一個四邊形。因此，吾人必須先知道「四邊形」與「邊」的概念，以及「（相）對」與「平行」等關係所代表的意義。

至於概念與概念之間的階層關係，則亞里斯多德要求：每個概念被定義為一個更一般化概念的子類。這個一般化的概念為「**原始屬類**」(*genus proximum*)。原始屬類中的每個特殊子類，以一個特殊的屬性加以刻畫，這個屬性稱為「**區別屬類**」(*differentiae specificae*)。例如，平行四邊形是具有對邊平行這個特殊性質的四邊形。其中「四邊形」稱為「原始屬類」，用來區分平行四邊形與其他四邊形的特殊性質（有平行邊），則稱為「區別屬類」。

為確定沒有一個被定義的子類是「空集合」（現代的說法），亞里斯多德要求被定義物件的存在性必須被證明。因此，希臘的幾何學系統中，正方形的存在性被證明之前，並不會討論到與正方形有關的命題。然而，我們無法持續以這樣的方式追根究底下去，必須由某種未明確定義的未定義項 (undefined terms) 或稱基本概念 (fundamental concepts) 出發，[6]例如以「點」與「直線」等概念作為起始點。同時，每個概念的存在性必須被證明，諸如此類，持續不斷地討論下去，直到溯及最原始的基本概念。這些基本概念存在，因此從它所衍生出的概念也存在。又因無法證明這些基本概念的存在性，別無選擇只好在沒有證明的情況下，接受它們的存在性。[7]

　　總結來說，亞里斯多德要求：定義須有起始點，即基本概念（未定義項）以外的概念都必須加以定義。[8]定義的新概念，其存在性必須被證明。敘述句須有起始點，其中演繹科學基於兩種不經證明就接受的敘述：一是每個演繹科學都適用的共有概念。二是某個特定演繹科學適用的特殊概念。基於亞里斯多德的哲學觀點，數學是公理系統

---

[6] 未定義項（基本概念）的意義必須由能明白表示其基本性質的敘述句說明，幾何學中，可根據這個目的選擇定義的方式，例如一個點沒有大小（維度）、直線是由兩點決定，並且沒有寬度。

[7] 亞里斯多德要求，每一個基本概念，存在一個敘述句明白表示其存在性。以幾何學為例，必須先假定：「點是存在的」、「直線是存在的」。而這類敘述句稱為特殊概念 (special notions)：它是揭示未定義項意義的敘述句或者用來主張基本概念存在性的敘述句。今日的演繹系統，必須從一些「未定義項」以及使用到這些未定義項且未加證明的敘述句出發。而未定義項就是為各設準敘述性質時所需用到的名稱。上述關於亞里斯多德的想法，主要參考自《數學起源：進入古代數學家的另類思考》。

[8] 定義的過程中，將某個「特定性質」（區別屬類）指派到一個已知概念（原始屬類）。

下必然為真、最具確定性的知識。上述這些哲學觀點與邏輯規範，是歐幾里得的哲學先驅，影響他有關《幾何原本》的著述。

 ## 3.4 歐幾里得與《幾何原本》

西元前四世紀，亞歷山大擊敗波斯大流士，大幅擴張希臘帝國的版圖，他將帝國的文化中心移往埃及北部、尼羅河口新建的大城，這座大城是他於西元前 331 年時建立，交由托勒密一世 (Ptolemy I) 統治管理，並由古希臘著名建築師狄諾克拉底 (Dinocrates) 規劃整座城市的建設藍圖。

亞歷山大在西元前 323 年去世，但發展帝國新中心的計畫由他在埃及的繼承者，歷代托勒密王朝所延續。自此，進入希臘化時期或稱亞歷山卓時期。而歐幾里得是這時期第一個具代表性的數學家。

我們對於歐幾里得的生平了解不多，他生活在托勒密一世時期（大約西元前 300 年）的亞歷山卓，[9]早年曾到過雅典，受柏拉圖學派的影響，也許是該學派的成員。雖然沒有留下重要的數學發現，但歐幾里得的著作以系統性、演繹的形式寫成，內容涵蓋許多古典希臘時期的數學成果。從他的著作可推斷是一位傑出的數學教師，而他的《幾何原本》則是影響數學發展深遠的重要著作。

根據我們在第 1.2 節及第 3.3 節的引述，柏拉圖認為數學知識只能藉由論證來獲得，幾何性質不該僅從圖形之中讀出，而應賦予每個性質一個不使用任何圖形的證明。當歐幾里得在編寫《幾何原本》時，

---

❾ 普羅克洛斯為《幾何原本》卷 I 作注所寫的〈幾何學發展概要〉，這是研究希臘幾何學史的兩大重要原始參考資料之一。 另外則是帕布斯 (Pappus) 的 《數學匯編》 *(Mathematical Collection)*。

努力滿足此一要求。另一方面，亞里斯多德則主張數學系統必須從（底蘊於所有演繹科學的）共有概念出發，必須從設定數學基本概念存在性，或者陳述基本概念意義的特殊概念出發。還有，定義的起始點為未定義項，這些已定義概念的存在性，則必須被證明。歐幾里得試圖依循亞里斯多德方法論的進路，來建構他的數學系統。

奠基於公理的數學命題系統稱為「**原本**」(**Elements**)。現今保存最早的「原本」是歐幾里得的《幾何原本》，是他集前人大成之作，當中包含泰阿泰德斯 (Theaetetus) 和歐多克索斯 (Eudoxus) 等人的研究成果，後兩位也是柏拉圖的徒弟，他們比亞里斯多德更專精於數學，歐多克索斯尤其被認為是《幾何原本》第 V 冊（比例論）的原始作者。

《幾何原本》最原始的版本早已失傳，現存的是傳抄無數次的版本，並保留前人的評注，以及往後的作者所加上之校勘。由於中世紀阿拉伯人及摩爾人 (Moors) 的傳播，《幾何原本》在西歐成為家喻戶曉的書籍，成為當地數學教育的基礎教材，而後已知有超過 1000 多種不同版本，可能是《聖經》外，西方世界流傳最廣泛的書籍。❿

《幾何原本》共包含十三冊（卷）。前六冊為平面幾何，相關主題可對應到今日中學課程的內容；接下來三冊是數論相關；篇幅最大的第 X 冊則討論不可公度量 ；第 XI 冊至第 XIII 冊是有關窮盡法 (method of exhaustion) 及立體幾何的內容。接下來，我們將以第 I 冊為例，簡要介紹這部經典所含之定義、設準與共有概念，並說明其邏輯結構。這些文本的內容充分見證希臘數學如何受到哲學思潮的深刻影響，是數學史上非常獨特的篇章，值得我們欣賞與珍惜。另外，我們也將補充介紹其他冊內容中較為人所熟知的數學成果。

---

❿ 英文版的權威版本為 Thomas L. Heath, *Euclid: The Thirteen Books of the Elements*.

　　至於相關的網路資源，最值得推薦的莫如美國數學家 David Joyce 所布置的網站：http://aleph0.clarku.edu/~djoyce/java/elements/bookX/bookX.html。這個網站非常適合教學與學習用途，對於我們在線上隨時掌握歐幾里得《幾何原本》內容，裨益良多，Joyce 這位克拉克大學 (Clark University) 的數學教授之貢獻，真是不可多得！

3.4.1　《幾何原本》的知識結構

　　《幾何原本》第 I 冊，共包含了 23 個定義、5 個設準與 5 個共有概念，以及 48 個命題。前 7 個定義如下：

1　點 (point) 是沒有部分的東西。[11]
2　線 (line) 只有長度而沒有寬度。
3　線的末端是點。
4　直線 (straight line) 是與它自身上面的點相平齊的線。
5　面 (surface) 是只有長度與寬度。
6　面的邊緣是線。
7　平面 (plane surface) 是與它上面的直線相平齊的面。

　　第 1 個定義描述點該如何認知，一個點不應被視為一個小點，而是某種完全沒有維度的東西，它是無形的。第 2 個定義說明線也是無形的，它不是細細的線狀物，而是「沒有寬度」之物。從定義 3 來看，歐幾里得不將「直線」視為無限的直線，僅視作為線段。定義 4

---

[11] 利瑪竇、徐光啟則中譯成「點者無分」，十分簡潔。有關利、徐譯本，可參考《數之軌跡 III：數學與近代科學》第 5.1 節。

中，直線滿足「與它自身上面的點相平齊」，歐幾里得也許想像沿著桿子的一端看過去，如果上面沒有任何一個點突出來，那麼它是「直」的，亦即若從桿子的一端看過去像是一個點，則它是直的。這樣的定義可能是基於工匠的經驗，又或者是為說明與教學之需求。而面與平面的定義也可類比。

再來的定義 8 至定義 10 定義了何謂角，從而定義了鈍角與銳角，之後則是圓、圓心與直徑、半圓、多邊形，以及多種三角形和四邊形。特別地，第 23 個定義，定義了何謂平行線：「平行的直線是落在同一平面上，往兩個方向持續不斷地延長時 (being produced indefinitely)，彼此不會相交的直線。」亦即，同一平面上即使延長之後也不會有共同點之線段稱為平行。這裡須注意的是，希臘數學家避談無限，因此，定義中所用的 "indefinitely" 非指無限地延長，而是不斷地、不確定地延長下去之意。

給出 23 個定義後，《幾何原本》提出五個設準：

1　下面的敘述被假設為準則 (Let it be postulated)：
　　從任何一點到任何一點可畫一直線。
2　且一條有限直線可以持續地延長。
3　且以任意點為圓心及任意距離可以畫圓。
4　且凡直角都相等。
5　且如果一條直線與另兩條直線相交，而且，同一側的兩個內角和小於兩直角，則這兩條直線不斷延長後 (if produced indefinitely)，會在內角小於兩直角的那一側相交。

首先須注意的是，這些設準是「被假設為準則」（注意到：第 2 至

4 的句子前都有連接詞「且」，顯見它們都與第 1 點的「**從任何一點到任何一點可畫一直線**」 併列），並且僅適用於幾何學、不證自明的事實。從現代數學觀點來看，若給定不同的設準，則可建立不同的幾何系統。由設準 1，任一個點可與其他點連接，相當於宣告：線段存在。而設準 2 說明任一個線段可以不斷地延長，生成更長的線段，相當於宣告：（無限）直線存在。前面的定義與設準之中，「直線」一詞所對應的是現代的「線段」概念。無限直線之概念，並未在設準中出現，但它的存在性隱含地設定在設準 2 裡。設準 1 與設準 2 的內容可綜合為：過任意兩點可畫一直線，任一條直線都是無限長的。

設準 3 敘述了圓的存在性，它是由給定的圓心與半徑所決定。設準 1 至設準 3 相當於說明了線段、直線與圓等概念的存在性，至於點的存在性並沒有明確地敘述，歐幾里得顯然接受其存在。接下來兩個設準的形式與前三個存在性設準大不同，設準 4 並未說明直角的存在性，卻假設所有的直角都會相等，而設準 5 則說明滿足某些條件的兩條直線會有一個交點。

歐幾里得所列的五個設準可分成兩類，其一是存在性設準 (1～3)，假設了某種圖形的存在性。其二是假設幾何圖形具有某種特定性質的設準 (4～5)。後者並不符合亞里斯多德所要求的共有概念、特殊概念，然而若不接受設準 4 與設準 5，歐幾里得無從建立起他的平面幾何系統，加上他無法證明它們為真，只好別無選擇地接受它們。又因為它們是不經證明即被接受的幾何學性質，所以列於設準之中。

《幾何原本》第 I 冊的五個共有概念如下：

1　等於相同量的量彼此相等。
2　等量加等量，其和相等。

3　等量減等量，其差相等。

4　能重合的物，彼此相等。

5　全體大於部分。

　　這些共有概念，適用於所有的演繹科學。[12]接下來，我們（僅）簡要介紹《幾何原本》第 I 冊的結構與命題，作為全書內容之示範與演示。

　　第 I 冊的第 1 個命題為「在給定的線段上，作一個等邊三角形（正三角形）」。由此可知，《幾何原本》的命題不只包含數學定理，還包含了幾何作圖題。歐幾里得首先說明如何利用尺規作圖，作出一個等邊三角形，接著證明此等邊三角形的確存在。在證明的最後，他註記一個所求的三角形已被作圖出來，意指證明了這個三角形存在。

　　諸如命題 1 之類的作圖題，可視為一種存在性命題與存在性證明，用以畫出某種圖形，並證明其存在性。在文本中，我們可發現兩種作圖相關術語，術語 1 是使用直線與圓的存在性設準，作為證明圖形存在性的工具；術語 2 則是使用直尺與圓規，作為畫出對應圖形的工具。因此，作圖題的意義是：應用存在性設準，證明該圖形存在，並利用直尺與圓規實際作出圖形來。同時，除了直尺與圓規之外，不能使用其他工具，這是因為存在性設準之中，只假設了直線與圓的存在。[13]

　　第 3 個命題同樣是作圖題，而第 4 個命題為現今熟知的 SAS 全等

---

[12] 事實上，共有概念 5（公理 5）是有限數學中的公理，在無限的世界中，整體不必然大於部分。

[13] 參考、改寫自《數學起源：進入古代數學家的另類思考》。

性質：「若一個三角形的兩邊全等於另一個三角形的兩邊，並且這兩邊所夾的角亦全等，則兩個三角形全等。」歐幾里得透過將其中一個三角形疊合在另一個三角形上，使其完全重合來證明。歐幾里得對於線段等長或角相等的想法是：它們可在平面上經移動後重合。

　　第 5 個命題為「等腰三角形之底角相等；並且，由底邊與兩腰延線所構成的角亦會相等」。事實上，這是《幾何原本》第一個實質的數學命題。一般而言，欲證明「等腰三角形」兩底角相等，通常會直覺地聯想到作三角形的頂角平分線、作中線或作垂線等。然而歐幾里得卻大費周章地作輔助線（如圖 3.5），並利用命題 4，藉由證明兩次三角形全等，最終證明等腰三角形的兩底角相等。證明過程所畫的輔助線形如一座橋，加上中世紀許多學生學習《幾何原本》時，往往在此命題卡關，因此這個命題也被稱為「驢橋定理」，意指數學能力不足者無法渡過此橋。

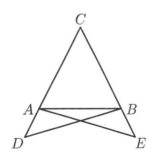

圖 3.5：驢橋定理證明

　　為什麼歐幾里得走了一條迂迴之路來證明此定理呢？這是因為在《幾何原本》的結構中，作頂角平分線、作中線或作垂線這三個命題分別出現在命題 9、命題 10 與命題 12，然而，觀此三個命題的證明往

前回溯，最終皆需依賴命題 5，也就是說，命題 5 是更基本的命題。事實上，它既是《幾何原本》第一個「實質」命題，並展現出幾何學更基礎的對稱性，其他諸多命題的證明皆需依賴命題 5 的正確性，因此，歐幾里得只能採取較複雜的方式來證明，否則若利用上述三個命題來證明，都將導致邏輯上的循環謬誤 (circular fallacy)。這個例子再次彰顯《幾何原本》邏輯結構的重要性，新命題需利用已知為真的事實，包含定義、公理、設準與已證明為真的命題來證明。

《幾何原本》的第 I 冊由正三角形作圖拉開序曲，又以正方形作圖和畢氏定理及其逆定理作結。歐幾里得表達畢氏定理的方式與現代不同。現代數學文本通常會說：直角三角形邊長的平方 (square of the side)，但歐幾里得描述的是：在三角形邊上作出來的正方形 (square on the side)。這是因為此時期的數學家並不賦予長度或面積數值，因此，在《幾何原本》中，歐幾里得必須透過面積比較或面積貼合法 (application of area)，來證明是否具有兩個圖形有相等的面積，即想辦法演示其中一個圖形被分割成若干部分圖形後，再經過某種方式拼湊，而得到另一個圖形。

歐幾里得證明有關正方形的定理前，須先證明正方形存在，《幾何原本》第 1 個命題，便證明了正三角形存在，然而正方形涉及平行與垂直，故正方形的作圖必需等到進入第 I 冊的尾聲，也就是在第 46 個命題時才出現，這個從邊數 $n=3$ 到 $n=4$ 的推廣，既不顯然也不直接。跨越這一小步論證所需之支撐，竟包含 21 個第 I 冊的命題。[14]另一方面，為了嚴密地證明畢氏定理，必須依賴《幾何原本》第 I 冊中

的 7 個定義、5 個設準、5 個公理與 24 個命題。[15]由此可見，歐幾里得利用極為龐大的細部知識與嚴密的邏輯組織，將幾何學的宏偉大廈建立起來。

3.4.2　設準 5 與歐氏幾何學

回到《幾何原本》的設準 5（或第 5 設準），它與平行線有關，但沒有明確說平行線存在；反倒指出一對「不」平行的直線所擁有的性質。在許多平行線性質的證明中，這條設準扮演了關鍵性的角色，所以，它也常被稱為平行設準或平行公設。另一方面，這條設準的形式與其他 4 個設準不同，比較像是一道命題，而非設準。歐幾里得顯然知曉此問題，因而刻意延遲使用此設準，《幾何原本》第 I 冊一直等到命題 29 的證明過程，才第一次使用了設準 5。設準 5 如何「等價於」我們熟悉的如下「真正」平行公設？數學史家奔特等在他們的《數學起源》一書中提出簡要的說明，非常值得參考。[16]這個等價的平行公設也稱做**普雷菲爾設準 (Playfair's postulate)**：

> 過給定直線外一點，恰存在唯一的一條直線，平行於給定之直線。

---

[15] 包含定義 10，11，15，16，20，22，23；設準 1，2，3，4，5；公理 1，2，3，4，5；命題 1，3，4，5，7，8，9，10，11，13，14，15，16，18，19，20，22，23，26，27，29，31，34，46。

[16] 該書共同作者奔特、瓊斯 (Jones) 及貝迪恩特 (Bedient) 都是出身荷蘭的數學史家，該書的早期荷蘭版就十分風行。我曾向荷蘭數學史家 Jan van Maanen 提及此書，他給了極高的評價。事實上，該書第 6 章有關歐幾里得及《幾何原本》的解說，堪稱前所未有的經典之作。我們在本章中，就盡可能吸收其精華，供讀者參考借鏡。

在現代的數學或幾何教科書中，我們常以此設準取代歐幾里得的設準5，因此，一般人所謂的平行公設，就是指這個版本。

　　由於設準5明顯不像是一般的設準，相較於《幾何原本》的前4個設準來說，它的敘述相當冗長而且語意不夠清晰，因此，後代許多數學家企圖證明此一設準5成為一個定理。到了十八世紀與十九世紀，數學家開始意識到設準5也許不能被證明，但如果改變這個設準的話，說不定可以發展出全然不同的「幾何學」，不過，因為這涉及幾何真理意義的衝擊，因此，即使推演的邏輯站得住腳，相關的數學家也很難察覺。

　　例如說吧，義大利耶穌會士薩開里 (Giovanni Girolamo Saccheri, 1667–1733) 在1733年發表〈被證明清白的歐幾里得〉，承認他自己對於設準5成為一個定理的證明失敗！其實，他的證明無誤，只是他無法察覺一個「非歐氏」幾何學的可能性。獨立於薩開里與其他人的研究，高斯 (Gauss, 1777–1855) 與羅巴秋夫斯基 (Lobachevsky) 以及波利耶 (Bolyai) 各自發展出另一套非歐幾何學。他們假設下列設準取代設準5或平行公設：

　　　　過給定直線外一點，存在超過一條以上的直線過這個點，且
　　　　與給定直線平行。

這個設準雖然悖離我們的一般常識，卻影響了往後數學家面對設準時的態度。設準從此不再被視為顯然而不證自明的真理，反而作為數學結構所奠基之假設。[17]

---

[17] 詳細參考《數之軌跡 IV：再度邁向顛峰的數學》第3.4.1節，專論此一主題。

3.4.3　《幾何原本》其他重要內容

　　歐幾里得通常被視為幾何學家，而徐光啟與利瑪竇中譯《幾何原本》書名亦容易讓人誤解書中僅包含幾何知識。除了《幾何原本》第 I 冊宏偉的幾何命題結構，接下來的 5 冊同樣隸屬平面幾何範疇。第 II 冊用幾何的語言敘述代數的恆等式，[18]第 III 冊討論圓的相關性質，以及圓內接四邊形；第 IV 冊討論圓內接與外切正多邊形的圖形與作圖；第 V 冊與第 VI 冊則討論比例以及在平面圖形上的應用。

　　但接下來的，《幾何原本》第 VII、VIII、IX 冊的內容則與數論相關，例如，命題 VII.1 與 VII.2 合併起來，便是所謂的「**歐幾里得輾轉相除法**」(Euclidean algorithm)，是找出兩給定正整數之最大公因數的演算法。根據科學史家勞埃德 (Geoffrey Lloyd) 的看法，這種方法源自古希臘 *anthyphairesis*，原是用以驗證給定的兩個線段是否可公度量的方法，也就是「輾轉相減」的意思。事實上，命題 VII.1、VII.2 的方法步驟是「相減」而非「相除」，可見它們保留了 *anthyphairesis* 的精髓。由於歐幾里得無法「處理」不可公度量比，只好將數與幾何量分開立論，因此，在幾何量 (magnitude) 上也建立一個對等的 *anthyphairesis*，亦即命題 X.2、X.3，就一定也不令人感到意外了。

　　《幾何原本》第 X 冊的主題是不可公度量，它包含 115 個命題，占全書的四分之一，其命題 1：「給定大小兩個量，從大量中減去它的一大半，再從剩下的量中減去它的一大半，如此繼續下去，可使所餘的量小於所給的小量」，這是窮盡法的理論基礎。第 XI 冊討論空間的

---

[18] 這種表徵 (representation) 曾被數學史家名之為「幾何（式）代數」(geometric algebra)，不過，此說不符合史實，史家葛羅頓－吉尼斯有極為深刻的評論，參考 Grattan-Guinness, "Numbers, Magnitudes, Ratios, and Proportions in Euclid's *Elements*"。

直線與平面的各種關係。第 XII 冊利用窮盡法證明「圓（面積）的比等於直徑上的正方形之比」，並證明了「球（體積）的比等於直徑立方比 (triplicate ratio)」、「錐體（體積）等於同底等高柱體的 $\frac{1}{3}$」，等等。第 XIII 冊則證明只有五個正多面體存在。

　　這裡特別介紹第 IX 冊的命題 20 ： 質數的個數比任意給定數量 (assigned multitude) 的質數來得多。歐幾里得證明此命題時，是先取三個質數 A、B、C 作為給定數量的質數，並透過造出一個不同於 A、B、C 的新質數，來推論一開始所給定質數的數量是錯的。上述三個質數的證明進路，可再推廣用以證明如下事實：「存在一個比給定任意個質數還大的新質數。」事實上，上述論證相當於證明質數的個數有無限多個，但因為希臘數學家們避談無限，因此，歐幾里得刻意迴避有關無限的概念，而以「質數的個數比任意給定數量的質數來得多」的方式來呈現。^⑲

　　最後，回顧整個《幾何原本》，歐幾里得收集前人的數學研究成果，並主要基於亞里斯多德的進路，以嚴密的公理系統，將整本書的數學命題組織與連結，建立其邏輯結構。其中，概念必須被定義、命題必須被證明、推理要有起點（定義、公理、設準），命題要用已知事實（定義、公理、設準、已證明過的命題）來證明。也因此，當歐幾里得在《幾何原本》第 XIII 冊的最後一個命題，證明了凸正多面體恰有 5 個，證明了 5 個正多面體的存在性時，被認為是為了回過頭與柏拉圖交心，因為這五個多面體就被稱之為柏拉圖立體。

---

⑲ 這是命題形式引發證明進路的一個絕佳例子，其 HPM 面向的啟發，可參考 Horng, "A teaching experiment with Prop. IX–20 of Euclid's *Elements*".

　　歐幾里得《幾何原本》的數學與邏輯結構，影響後代許多西方著作，整部著作從不證自明的公理與設準出發，利用邏輯，一步一步建造複雜的理論，其中每一部分都堅固地附加在已經被建造完成的地方。如此得到的事實被認為具有「確定性」(certainty)。《幾何原本》的形式與內容 (content) 所展現的確定性，兩千年來許多西方學者都以效法這樣的進路，藉以保障自己學說或理論的確定性。[20]譬如，阿基米德與阿波羅尼斯的著作、托勒密的《天文學大成》、伽利略的《關於兩門科學的對話錄》、牛頓的《自然哲學的數學原理》及《光學》、斯賓諾沙 (Spinoza, 1632–1677) 的《倫理學》等等，皆模仿《幾何原本》的體例與形式，甚至美國的獨立宣言亦受此書影響。

　　總之，《幾何原本》的內容，一直是古代西方與現代世界學習數學與科學的重要依據，也是吾人理解西方文化的重要切入點。[21]依柏拉圖的觀點，數學知識存在理型世界，數學知識潛藏於靈魂，學習是喚起前世記憶的過程，發現新知自然不是最終學術目標。另一方面，當時的雅典，人們被允許可以在公開場合發表言論，卻也得接受別人的挑戰與質疑，因此必須用證明的手法來正當化自己的觀點。這樣的社會風氣與學術思潮下，古希臘的數學作品充滿著對證明的討論，從此脈絡審視歐幾里得的作品，便不難理解論證、核證知識與嚴密邏輯結構的重要性，甚於發現新知。[22]

　　因此，西方數學傳統將「證明為中心」視為最佳的數學知識呈現形式，顯然是受到希臘文化這種特殊歷史環境的影響。以埃及、巴比

[20] 引英家銘，〈西方文化中的歐幾里得〉。

[21] 引同上。

[22] 引蘇俊鴻，〈兩種不同的數學典範：東方與西方〉。

倫（第 2 章）甚至中國（第 4 章）的數學為例，形式相當不同的數學
知識系統，也在數學史上占有一席之地。因此，我們應該選擇適合學
生心智發展的數學實作來進行教學。如果學生能夠駕馭 「證明—定
理」，當然適用以「證明為中心」的數學課程安排。反之，採以解決實
用問題為主、培養解題與應用知識的課程，也不失一種數學多元文化
下的素養教育。^㉓

3.5　阿基米德

　　阿基米德 （Archimedes， 西元前 287– 前 212） 和阿波羅尼斯
（Apollonius，約西元前 262–前 190）的現身，緊接在歐幾里得的一世
紀之內，這三位是整個希臘數學史上最偉大的數學家。阿基米德誕生
義大利南方、西西里島上的敘拉古，在亞歷山卓接受教育，大半輩子
都居住在家鄉西西里島。

　　早期的希臘數學家是哲學家也是理論家，但阿基米德則對物理原
理的實際應用感到興趣，例如槓桿定律、浮力原理、物體的重心問題、
力學、機械與工程相關研究等，並且有著說不完的傳奇故事。

　　他的許多著作，包含數學與物理，都仿歐幾里得《幾何原本》體
例與結構編寫，從定義與不證自明的公理出發，推得相關命題。特別
地，他許多著作與研究成果，都寫在給好友柯南 (Conon)、杜希休斯
(Dositheus) 等人的信裡。例如《論球與圓柱》是寫給杜希休斯的信，
仿歐幾里得《幾何原本》的體例與結構寫作。書中提到了著名的阿基
米德公設，與現代實數理論有關，並且證明了球體積為外切圓柱體積

㉓ 引同上。

$\dfrac{2}{3}$、球表面積為外切圓柱表面積 $\dfrac{2}{3}$。其中一個命題為：「給定一長方形（圖 3.6 中的 B）的面積，證明圓面積（圖 3.6 中的 A）與其外切、內接正多邊形的面積之差，小於此長形的面積。」

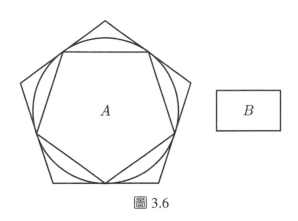

圖 3.6

　　換言之，他論證：任意給定的實數（即誤差），則圓面積與其外切、內接正多邊形面積之差，可隨著所選取的邊數足夠大時，小於此實數（即誤差）。這個方法類似於現代分析學常用的逼近手法，也是阿基米德使用窮盡法的基礎，他構造出一序列正多邊形使其面積與所求圖形面積之差小於任意給定正數，並用來證明面積與體積公式，其中也涉及了潛在無窮的概念。

　　此外，阿基米德的創意也展現在他巧妙地運用機械方法上，例如槓桿原理。他不止將槓桿原理用於量測實物的重量，還進一步用於幾何問題的求解。他尋找幾何圖形上的「支點」，搭配比例關係將線段、區域變換，把所求的不規則圖形變換成可處理的形式，從而發現了許多面積與體積公式，接著，再以幾何方法嚴格證明這些公式。這一個

「發現——核證」的脈絡，呈現出阿基米德的巧思，也展現他對於物理方法與數學知識之間關係的洞察力，以直觀而可操作的方式來發現公式，再利用邏輯方法嚴謹地證明其為正確。

　　例如，他寫給好友杜希休斯的信中，藉由力學方法，他發現「拋物線截口區域面積 QPq（即拋物線與 Qq 所圍面積）為三角形 QPq 面積的 $\frac{4}{3}$ 倍」（如圖 3.7），其中，PV 是拋物線 QPq 的軸。阿基米德作 QP 與 Pq 兩條弦，各取其中點 V_1 與 V_1'，再作 PV 軸的平行線分別交拋物線於 P_1 與 P_1'，以及 $\triangle QPP_1$ 與 $\triangle PqP_1'$。然後，阿基米德利用拋物線的性質，[24]證明 $\triangle QPP_1 + \triangle PqP_1' = (\frac{1}{4})\triangle QPq$。依此類推，他最後得證：

　　拋物線截口區域面積 QPq 為 $\triangle QPq$ 面積的 $\frac{4}{3}$ 倍。

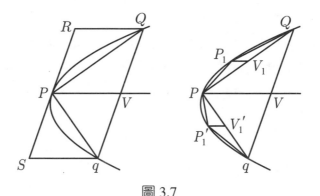

圖 3.7

---

[24] 此一結論我們可應用解析幾何輕易驗證，不過，阿基米德究竟使用什麼性質，還有待釐清。可參考斯坦所著的《阿基米德幹了什麼好事！》。

　　類似地，利用力學方法，阿基米德透過「槓桿原理」比較三個立體圖形的橫截面，藉由證明「球體體積 = 球的外切圓柱的體積 – 內接於該圓柱的圓錐體積」，推導出球體積與圓錐體積之間的關係，也推導出球體積與外切圓柱體積之間的關係。上述關係也被認為是銘刻在阿基米德墓碑上的圖形（如圖 3.8）。

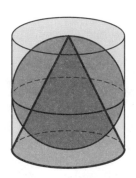

圖 3.8：圓錐體積：球體積：圓柱體積 = 1：2：3

　　阿基米德為自己所發現的球體表面積公式與球體積公式感到自豪，並利用數學方法證明這些公式。他同樣採取間接證明的方式，利用圓內接與圓外切正 $2n$ 邊形，分別造出球表面積的「低估值（下和）」與「高估值（上和）」，當 n 越來越大時，可推估出球表面積至少為 $4\pi r^2$，且不超出 $4\pi r^2$，因此推論其表面積恰為 $4\pi r^2$。有了球的表面積公式後，他接著將球體想像為圓錐，此圓錐以球的表面為底，而以球心為頂點，藉此可推導出球的體積公式為 $\frac{1}{3} \times r \times$ 球的表面積。

　　阿基米德在《圓的測量》的第 1 個命題提到：圓的面積等於以該圓半徑和圓周為兩股的直角三角形之面積。他是最早證明圓面積公式，

並據以推求圓周率近似值的人。他利用歸謬法與窮盡法證明了這個命題所涉的公式後，再基於上述公式，從圓內接與外切正方形出發，計算 π 的近似值，並利用畢氏定理造出估計圓周率的演算法，重複這個過程，可求得一系列圓內接與外切正 6, 12, 24, 48, 96 邊形之邊長，並計算出 π 介於 $3\frac{1}{7}$ 和 $3\frac{10}{71}$ 之間。這個演算法還可以不斷持續下去，直到任意想要的精確程度。

在此，比較阿基米德的圓面積公式與球體積公式可發現：

圓面積公式為 $\frac{1}{2} \times r \times$ 圓的周長，即 $A = \frac{1}{2} \times r \times 2\pi r$

球的體積公式為 $\frac{1}{3} \times r \times$ 球的表面積，即 $V = \frac{1}{3} \times r \times 4\pi r^2$

他把圓想像、轉換成三角形，藉以求出其面積公式，類似地，他將球體想像、轉換成錐體，藉以求出其體積公式。由此可見，他處理兩種公式時，顯然發現類似的連結與類比關係，並且都是將難以處理的問題，轉化為已熟知的圖形與工具來處理。同時，他的進路都是藉由低維度的圓周長與球表面積，來表示出高維度的面積與體積公式。

此外，阿基米德提出的圓面積公式，實質上相當於劉徽所證明的「半周半徑相乘」，這是數學史上「多元發現」的典型例子，劉徽同樣先證明了面積公式，再據以推求圓周率近似值。對比現代教科書中的圓面積公式 πr^2，阿基米德與劉徽的公式是將「不規則的圓」化為「規則且熟悉的三角形」來處理，具知識論與方法論上的意義，同時能直觀地引導或說明「公式為什麼是這個樣子」。在涉及 π 這個較為抽象的無理數之前，就能引進圓面積公式，除了具有教學與說明的功能與

目的外，更符合知識發展的脈絡與真實面貌。

　　阿基米德的研究主題非常廣泛，阿基米德螺線是另一個以他為名且為後人所熟知的數學知識。他在《論螺線》中進一步利用算術與幾何工具，計算出此螺線所圍的面積。此外，他還發明了將任意角三等分的機械裝置，而他的《數沙者》(*Sand-Reckoner*) 一書，則討論如何寫出與計算大數，例如，求出全世界的沙子的顆粒數。

　　承繼柏拉圖提及的五個正多面體，阿基米德把條件放寬，研究由兩種以上的全等正多邊形組成，且滿足各邊等長、每個頂點的「組態」皆相同的「凸」多面體（不包含柱體與反柱體）。符合上述要求的多面體共有 13 種，稱之為阿基米德多面體 (Archimedean solids)。雖然相關著作已經失傳，但據信他曾在著作中提及完整的 13 個阿基米德多面體。此外，引領數學史家重新評價阿基米德的成就與其現代性的，是一本外表布滿霉點，於 1998 年重現天日並且待價而沽的古老手稿。

3.5.1　阿基米德寶典：失落的羊皮書

　　西元 1998 年 10 月 29 日紐約佳士得拍賣場上，一部古書以高價 220 萬美金售出，[25]這部古書表面上是教士麥隆納斯 (Mylonas) 在西元 1229 年 4 月 14 日所抄寫的祈禱書，為的是在耶穌復活周年日，當作禮物獻給教會。這本書所使用的再生羊皮紙，是取自載有阿基米德手稿的羊皮書，刮掉文字後再度使用，因而這部祈禱書也稱為再生羊皮書。

　　該羊皮書內容包含阿基米德的著作《平衡平面》、《球及圓柱》、

---

[25] 1998/10/30《紐約時報》頭版：阿基米德羊皮古書在佳士得拍賣會上，以 200 萬美金賣出，另加 20 萬元手續費。

《圓的測量》、《螺線》、《浮體》、《方法》以及《胃痛》，並保存了雅典一位最偉大演說家的講稿、古代對亞里斯多德的評論，也包括了一些拜占庭的文章、十世紀末的聖歌，和一位聖人的傳記。因此，這本再生羊皮書，簡直就是「一座擁有特殊古代手稿的小圖書館」。[26]

　　阿基米德的羊皮書第一次問世是 1906 年 ， 丹麥數學史家海伯格 (J. Heiberg) 教授在君士坦丁堡（現在的伊斯坦堡）發現並破解阿基米德寄給老朋友埃拉托斯特尼的一封信件，信中他告訴埃拉托斯特尼自己用來發現關於面積、體積以及重心理論的方法，可惜這份手稿後來遺失 。[27]加上海伯格不曾預期希臘數學家有真實無窮的概念或組合學的想法，所以，他無法解讀《方法》(The Method) 之中有關無窮的段落或涉及組合學的《胃痛》問題。

　　直到二十世紀末，《阿基米德寶典：失落的羊皮書》再度問世，利用誕生且成熟於二十一世紀的顯影科技，經由紫外線照射的高解析數值影像，我們得以完整地窺見兩千多年前阿基米德的數學成就。[28]如同 2006 年 8 月 2 日英國 BBC 報導中，威廉・諾爾所說：「顯影出阿基米德的文章，就像是收到來自西元前三世紀（阿基米德）的傳真一樣，讓人無比興奮！」[29]

　　這一揭露也使得數學史家重新改寫此一篇章：阿基米德實際上已將無窮多項加起來，甚至進一步比較兩個無窮集合。當阿基米德證明

[26] 參考自洪萬生，〈阿基米德的現代性：再生羊皮書的現代之旅〉。

[27] 1907/07/16《紐約時報》頭版：哥本哈根的海伯格教授，在君士坦丁堡發現了阿基米德的作品抄本。

[28] 2002/03/14：英國 BBC 科學節目「地平線」(Horizon) 首播「阿基米德的祕密」再生羊皮書記錄影片，吸引了 290 萬觀眾，當晚收視率 13%。

[29] 參考自洪萬生，〈阿基米德的現代性：再生羊皮書的現代之旅〉。

《方法》一書的第 14 個命題:「圓柱截體體積等於外圍正立方體體積的六分之一」時,立基於無窮求和的法則,明確地將無窮多個東西相加,不再逃避、也不隱藏。此外,再生羊皮書最後一頁的《胃痛》問題,將一個正方形以下列方式分割成 14 片(參考圖 3.9),再重新拼湊成為正方形的方法有幾種,阿基米德的答案是:17152 種![30]它不折不扣是數學史上第一個組合學問題。有意思的是,組合學是機率論的基礎,而顯影科學的發展奠基於機率論,因此,阿基米德於兩千多年前提出的組合學問題,在兩千年後,輾轉地影響了顯影科學家,讓這部被擦拭掉的阿基米德作品再生。

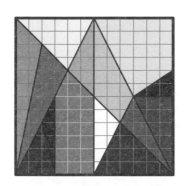

圖 3.9:左圖為阿基米德將正方形分割成 14 片的方法,
右圖則為其中一種拼法

再次現世的阿基米德羊皮書所具有的「現代性」,改變了數學史家

---

[30] 這個問題的正確答案,是電腦科學家比爾・卡特勒 (Bill Cutler) 率先提出,後來,幾位著名的數學家包括鼎鼎大名的葛立恆 (Ron Graham) 及金芳蓉夫婦檔,都只靠紙與筆,好比阿基米德只靠紙莎草及蘆葦筆一樣,而給出了同樣的答案。引自洪萬生,〈阿基米德的現代性:再生羊皮書的時光之旅〉。

對古希臘數學的看法。古希臘最具創意的數學家——阿基米德，大膽地運用機械方法與力學方法，發現諸多幾何學公式，再以數學方法嚴格證明這些面積與體積公式。又或者當年海伯格無法在再生羊皮書上讀到「**真實無窮**」的概念，以及第一個組合學問題和其標準答案，在在顯示出阿基米德的獨創性，以及超越時代的傑出成就。

3.5.2　歐幾里得 vs. 阿基米德：以圓面積為例

阿基米德與歐幾里得都被譽為古希臘的偉大數學家，歐幾里得集前人大成，展現出對統整數學知識，建立數學知識結構與追求邏輯嚴密性的關懷。而阿基米德則深具發現數學新知識之巧思與創造力，但也依循古希臘式的嚴密證明，來確保新知識的確定性。這裡，僅以他們處理圓面積「公式」為例，對比兩人的數學風格，從中掌握知識論及方法論面向的啟發性。

首先，歐幾里得在他的《幾何原本》第 XII 冊中，利用窮盡法並透過間接的方式證明了：兩個圓（面積）之比相當於直徑上的正方形之比。他假設兩圓面積 S 與 S'，其直徑分別為 d 與 d'，則

$$S : S' = d : d'$$

若以現代的數學知識與符號來看，上式可以寫成 $\dfrac{S}{d^2} = \dfrac{S'}{d'^2}$，也就是任何圓的 $\dfrac{S}{d^2}$ 均為定值，藉此可推得圓周率 (π) 為一常數。但囿於當時的知識，歐幾里得並不確定 $S : d^2$ 是否可以寫成 S / d^2，而且當時希臘數學文化下主要透過面積比較處理相關問題，並不以數表示幾何量，

更遑論圓面積公式的討論與計算，因此，我們無從得知歐幾里得是否證明了圓周率 (π) 是定值。

另一方面，阿基米德已經知道 $S : d^2$ 可寫成比值 $\dfrac{S}{d^2}$，也證明圓面積公式為「半周乘半徑」，因此，他清楚知道圓周長與直徑的比是常數，在知曉圓周率 (π) 為常數的前提之下，阿基米德意識到求 π 之近似值的意義與重要性。

阿基米德《圓的測量》第 1 個命題提到圓面積公式：圓的面積等於以該圓半徑和圓周為兩股的直角三角形之面積。證明此命題時，阿基米德並不是直接證明兩者相等，而是和歐幾里得一樣，採取間接的方式作證明。其證明如下：

首先令 S、A 分別代表圓與直角三角形的面積。若 $S \neq A$，則 $S > A$ 或 $S < A$。接著，他證明這兩種情況都不成立，亦即與 $S \neq A$ 的假設矛盾，於是，得證 $S = A$。

(1)若 $S > A$

　　由圓內接正方形開始，接著正八邊形，如此下去，總能找到一個內接正 n 邊形，使其面積與圓面積的差小於 $S - A$。設其面積為 S_n，即 $S - S_n < S - A$，可得 $S_n > A$，但

$$S_n = \frac{1}{2} \times r \times \text{內接正 } n \text{ 邊形的周長} < \frac{1}{2} \times r \times \text{圓的周長} = A,$$

這與 $S_n > A$ 的情形矛盾，所以 $S > A$ 不可能。

⑵若 $S < A$

　　由圓的外切正多邊形下手，同上，總能找到一個外切正 n 邊形，使得它的面積與圓面積的差小於 $A - S$。設其面積為 T_n，即 $T_n - S < A - S$，可得 $T_n < A$。但

$$T_n = \frac{1}{2} \times r \times 外切正\, n\, 邊形的周長 > \frac{1}{2} \times r \times 圓的周長 = A，$$

這與 $T_n < A$ 的情形矛盾，所以 $S < A$ 也不可能。

因此，$S = A$。㉛

　　上述阿基米德的證明中，在他證明 $S > A$ 不可能時，他運用了圓內接多邊形逼近圓的概念。另一方面，在他證明 $S < A$ 不可能時，則運用了圓外切多邊形逼近圓的概念。值得注意的是，他和歐幾里得證明圓面積相關命題一樣，都運用了歸謬法與窮盡法。㉜

　　而上述「窮盡法」的理論基礎則是《幾何原本》第 X 冊的命題 1：考慮兩個不相等的量，從「較大的量」減去大半（超過一半），再從剩餘的部分減去大半（超過剩餘部分之半），這種手續反覆進行，最後必定有剩餘量比「較小的量」（開始考慮時兩量之一）為小。㉝不過，這裡他們兩人都「不敢」進行涉及無限概念的論證，所以，根本無所謂「窮盡」！其實，根據《幾何原本》第 XII 卷命題 1，如果歐幾里得

㉛ 引述、改寫自蘇俊鴻，〈兩個證明的比較〉。

㉜ 引述、改寫自洪萬生，〈傳統中算家論證的個案研究〉。

㉝ Heath, *Euclid's Elements of Thirteen Books* vol. 3, pp. 14–15.

「敢」 進行無限論證，則他立刻可以證得緊接的命題 2：[34]兩個圓之比，如同各自直徑上的正方形之比。[35]

類似地，阿基米德的證明過程中，事實上已利用到圓內接正多邊形與圓外切正多邊形面積，來逼近圓面積，因此，若他敢「取極限」，或許就能「直接」推論出圓面積公式。依後見之明來看，阿基米德儘管是數學史上第一位勇於碰觸「真實無窮」的數學家，但由於受芝諾悖論以來的思維影響，當時的數學家對於極限普遍採取保守的態度。因此，他們不約而同地採取歸謬證法（或反證法），來「間接」證明圓面積公式或關係的正確性。[36]由此一段數學史的經驗來看，理解數學知識的在地性或脈絡性，相當有助於體會數學知識豐富的多重面貌。

在本節最後，為了表示我們對阿基米德數學的高度推崇，在此要引述他的「現身說法」，那是他自己的《方法》一書之前言，以寄送埃拉托斯特尼的信函形式呈現出來：[37]

前些時候我寄給您一些我發現的定理，但當時我只寫出了定理的內容，而沒有給出證明，希望你做出證明。……如我所說，您是一位極認真的學者，在哲學上有卓越成就，又熱心於探索數學知識，因而，我認為在同一本書中給您寫出、並

---

[34] 引述、改寫自洪萬生，〈傳統中算家論證的個案研究〉。

[35] Heath, *Euclid's Elements of Thirteen Books* vol. 3, pp. 371–373.

[36] 相較於此，阿基米德的圓面積公式形式與中國數學家劉徽的「半周半徑相乘」類似，所不同的是兩人的證明方法。但劉徽在注解《九章算術》時，提供了圓面積公式的證明，他在處理圓面積公式時，敢於取極限，因此採取直接的方式來建構圓面積公式的證明。

[37] 參考、引述自李文林，《數學珍寶》，頁 159–165。

詳細說明一種方法的獨特之處是合適的，用這種方法使你可能會藉助於力學方法，開始來研究某些數學問題。我相信這一方法的相應過程甚至對定理本身的證明同樣有用，因為按照上述方法對這些定理所做的研究，雖然不能提供定理的實際證明，以後它們必須用幾何學進行論證，但通過力學方法，我對一些問題首先變得清晰了。然而，當我們用這種方法獲得有關這些問題的信息時，完成它們的證明當然比沒有信息的情況下去發現其證明容易得多。

於是，阿基米德特別以實際案例之演示來強調：

正是由於此一原因，對於「圓錐是同底等高的圓柱體積的三分之一」，及「稜錐是同底等高的稜柱體積的三分之一」這兩個定理來說，歐多克索斯首先給出它們的證明，但我們不能就此輕視德謨克里特 (Democritus) 的功績，是他最先就上述圖形做出這種斷言，雖然他沒有予以證明。現在，我本人就處於（通過上面指出的方法）先發現要公布的定理的情形，這使我認為有必要闡述一下這種方法。這樣做部分是因為我曾談過此事，我不希望被視作講空話的人，另外也因為我相信這種方法對數學有用。我認為，這種方法一旦被建立起來，我的同代人或後繼者中的某些人將會利用它發現另外一些我尚未想到的定理。

事實上，阿基米德「用力學方法得到的第一個定理」就是：

直角圓錐的截面（即拋物線）所構成的弓形面積是同底等高
三角形的三分之四。[38]

至於它的幾何嚴密證明，則出現在前文引述的《拋物線圖形求積法》，
而在其序言（以致杜希休斯的信函呈現）中，阿基米德也指出這是「用
力學方法發現」的定理。

　　以上阿基米德的「方法論反思」極富啟發意義，因為他對於發現
不亞於證明的重要性，提供了現身說法，並且以簡單的案例告訴我們，
（希臘）數學實作除了嚴密證明之外，還有非常值得大力推崇的「發
現」之脈絡可尋。這是阿基米德留給世人最珍貴的文化遺產，值得我
們共同珍惜！

3.6　阿波羅尼斯及其《錐線論》

　　阿波羅尼斯曾被稱為「**偉大的幾何者**」(The Great Geometer)，
也曾被萊布尼茲這樣稱讚過：「只要了解阿基米德與阿波羅尼斯之後，
就不會再讚譽後人的成就」。相較於阿波羅尼斯所獲得的讚譽，我們卻
對他的生平所知甚少，僅知道他年少時曾到過亞歷山卓 (Alexanderia)，
並受教於歐幾里得的追隨者，阿波羅尼斯隨後也在此地執教。阿波羅
尼斯其餘的生平事蹟，大多來自於《錐線論》中的自述。另一方面，
阿波羅尼斯的名聲也來自於他對天文學的研究工作，雖然流傳下來的
文獻甚少，但至少在他的經典作《錐線論》(Conics) 流傳下來的章節

---

[38] 這種定義錐線的方式，後來被阿波羅尼斯統合起來，只運用一種圓錐體的截痕來定
義拋物線、橢圓及雙曲線，參考第 3.6 節。

中，讓我們得以一窺這位古希臘數學家的偉大成就。

　　阿波羅尼斯的《錐線論》共八卷，僅有前七卷流傳下來。全書以《幾何原本》形式——依序呈現定義、命題的方式來書寫。前四卷為基礎部分，後三卷為擴展的性質內容。其中第 I 卷為三個圓錐截痕的一般性質，包括圓錐截痕的切線性質；第 II 卷為直徑 (diameters)、軸和漸近線的性質；第 III 卷中含有現今所知的焦點性質。雖然前四卷的大部分內容，多半是歐幾里得等前人已知的數學成果，然而，其豐富的內容，卻足以見證阿波羅尼斯的「自負」：他認為自己的作品比前人更有系統、更加一般化。

　　在阿波羅尼斯之前，希臘的數學家曾以不同頂角的圓錐與平面相交的截痕，來定義現今所知的圓錐曲線，❸而阿波羅尼斯僅以一種圓錐，透過與不同傾斜程度之平面的截痕來定義圓錐曲線。他在第 I 卷中，不再以古希臘傳統的用直角三角形旋轉的方式來定義圓錐，而改以直線繞另一相交直線（軸）的形式來定義，也就是我們現在稱呼的對頂圓錐。接著，在第 I 卷的命題 11, 12, 13 引入三種圓錐截痕。首先在命題 11 中，他說（參考圖 3.10）：

　　　　設有一圓錐，頂點為 A，底為圓 BC。令其被過軸的平面所截成的三角形為 ABC [命題 I.3]。又圓錐被另一與底交於直線 DE 的平面所截，DE 與直線 BC 垂直。設這樣在圓錐表面形成的截痕為 DFE，其直徑為 FG [命題 I.7 及定義 4]，平行於軸三角形的一邊 AC。又設過 F 點作直線 FH 垂直於直

❸ 例如麥納奇馬斯（Menaechmus，約西元前 350）以銳角圓錐、直角圓錐與鈍角圓錐來定義圓錐曲線。

線 *FG*，並 且 使 它 按 比 例：正 方 形 *BC*：矩 形 *BA*,
AC :: *FH* : *FA* 作出。[40]在截線上任取點 *K*，過 *K* 作直線 *KL*
平行 *DE*。

我認為正方形 *KL* = 矩形 *HF*, *FL*。

換句話說，當平面與圓錐的一條母線平行地相截時，我們可以找
到一個與拋物線對稱軸垂直的線段 *HF*，[41]使得這個截痕上的任一點 *K*
滿足：「正方形 *KL* = 矩形 *HF*, *FL*」，亦即以 *KL* 當邊長的正方形面積，
會等於以 *HF* 與 *FL* 為兩邊長的矩形面積。阿波羅尼斯稱這樣的截痕
為拋物線 (parabola)。事實上，阿波羅尼斯分別就三種截痕的情況，皆
導出能各自表現出曲線特徵的「關係式」，並分別以曲線上一點的「縱
坐標」與「橫坐標」的形式展現出來。若以現今直角坐標系的角度來
「翻譯」，請參考圖 3.10。令此截痕上的任一點 *K* 的縱坐標（y 坐標）
為 *KL*，橫坐標（x 坐標）為 *LF*，即可得方程式 $y^2 = px$，此處
$p = HF$，在一般的英文翻譯中被稱作「參數」(parameter) 或是我們熟
知的「正焦弦」(*latus rectum*)。

---

[40] 此比例式為 $\dfrac{BC^z}{BA \times AC} = \dfrac{FH}{FA}$。

[41] 阿波羅尼斯原本的用語為「直徑」，他將「直徑」定義為過一組平行弦中點連線的
弦，各圓錐截痕中的對稱軸為其特例，如拋物線的對稱軸、橢圓的長短軸與雙曲線
的貫軸與共軛軸。為便於理解，後面皆以對稱軸說明。

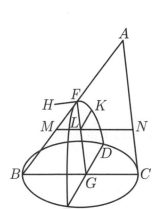

圖 3.10：《錐線論》的拋物線截痕插圖

　　在命題 12 中，當平面不與母線平行的相截，且有與圓錐的另一端相截時，參考圖 3.11。他在此截痕中先找出與對稱軸垂直的一個線段長 *FL*，則此截痕上任一點 *M* 滿足「以 *MN* 為邊的正方形面積等於矩形 *FX* 的面積，這個矩形等於以 *FL* 為高度，以 *FN* 為寬度的矩形，再加上另一個矩形 *OLPX*」。阿波羅尼斯將此截痕命名為雙曲線 (hyperbola)。若在直角坐標系中，以 *F* 為原點，*HF* 為 x 軸，那麼 $FN = x$，$MN = y$，讓 $FL = p$，$HF = d$，因為 $HF : FL = OL : LP$，即 $d : p = x : LP$，所以 $LP = \dfrac{p}{d}x$，按照這個截痕的結論，可以得到 $y^2 = px + \dfrac{p}{d}x^2$，此處 $p = FL$ 即為正焦弦。

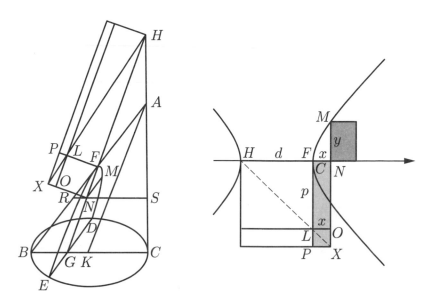

圖 3.11：《錐線論》的雙曲線截痕，右圖為現代詮釋圖

在命題 13 中，當平面與母線不平行地相截，且與另一端不相交時，參考圖 3.12，阿波羅尼斯同樣先在截痕中找出與對稱軸 *ED* 垂直的一個線段長 *EH*，那麼這個截痕上任一點 *L*，會滿足「以 *LM* 為邊的正方形面積等於矩形 *MO* 的面積，而矩形 *MO*，比以 *EM* 為寬度，*EH* 為高度的矩形還少了一個矩形 *ON*」。阿波羅尼斯就將這個截痕稱為橢圓 (ellipse)。若在直角坐標中，以 *E* 當原點，*ED* 當 *x* 軸，那麼截痕上任一點 *L* 的橫坐標 $EM = x$，縱坐標 $LM = y$，令 $EH = p$，$ED = d$，因為 $ED : EH = OX : OH$，也就是 $d : p = x : OH$，所以 $OH = \dfrac{p}{d}x$，那麼根據結果，可以得到 $y^2 = px - \dfrac{p}{d}x \cdot x$，也就是 $y^2 = px - \dfrac{p}{d}x^2$。其中 $p = EH$ 即是正焦弦。

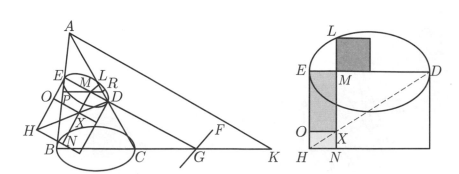

圖 3.12：《錐線論》中橢圓截痕，右圖為現代詮釋圖

　　阿波羅尼斯曾跟歐幾里得的追隨者學習過數學，想必他相當熟悉古希臘數學的一切成就，其中，當然包括畢氏學派的哲學思想與數學術語，譬如，前面所述及的「以面積的比較」來處理面積「量」的問題。在上述的三個命題中，我們可以看出阿波羅尼斯將截痕命名parabola、hyperbola、ellipse，正是承襲自這種傳統。他利用圓錐截痕上一正方形，比較以正焦弦為一邊的長方形面積，並以其結果相等、大於或是小於，來命名三種不同的截痕。事實上，這種「**面積貼合**」**(application of areas)** 的方式，正是來自於畢達哥拉斯學派的想法。畢達哥拉斯或其學派的人認為將相當於今日二次方程式的解（一個幾何量），與一已知線段的長度比較時，以下三種情形有一種會發生：短於、超過或是剛好。第一種情況被命名為 *elleipsis*，其語源為「短少」之意；第二種情況命名為 *hyperbole*，其語源為「過剩」之意；第三種相等的情況命名為 *parabole*，語源上有「比擬，相當」之意。

　　事實上，在歐幾里得的《幾何原本》中，也將這種「面積貼合」的方式應用在命題上，[42]當阿波羅尼斯在著作《錐線論》時，想必相當熟悉《幾何原本》裡的諸多命題，因此，當他發現在三種圓錐截痕

中，分別將縱坐標所得的正方形面積「貼合」到以其正焦弦為一邊的矩形，他們的面積比較分別是「相等」、「大於」與「小於」時，他自然而然地就將這個曲線命名為 parabola（相等）、hyperbola（超過）與 ellipse（短少）。這樣的命名方式對他而言，應是理所當然的結果。

在《錐線論》第 I 卷命題 11 的最後，阿波羅尼斯寫道（此處引英文譯版）：

Let *HF* be called the straight line to which the straight lines drawn ordinate-wise to the diameter *FG* are applied in square and let it also be called the upright side (*ὀρθία*).

命題 11 中的 *HF*，命題 12 中的 *FL* 以及命題 13 中的 *EH*，原是「沿直徑的垂直方向所做的直線，都以正方形貼合到其上」。這一段話後來翻譯簡化成 "the parameter of the ordinates to the diameter, and let it also be called the *erect side*"。*erect side*（豎直邊）在拉丁文翻譯時被譯作 *latus rectum*，後來也成為一個英文名詞，中文則翻譯成「正焦弦」。當一個平面跟圓錐相截時，在這個截痕的圖形中，它的「正焦弦」這一段長度就已經固定，阿波羅尼斯利用「比例式」（希臘人的表徵可寫成 $a:b::c:d$），並以垂直於「直徑」的方式作出這一段線段。在古希臘人比例式中，「::」意指「類比」（*analogia*），數學史家弗立德 (M. Fried) 認為阿波羅尼斯所用的「類比」，不只是比例式的抽象操

---

❷ 在《幾何原本》第 I 冊命題 35 及第 II 冊命題 14 皆提到如何作平行四邊形或正方形，使其面積等於已知直線形面積。然後，在有關比例式的第 VI 冊命題 28 與 29 中，作出另外兩種不相等的情形。

弄而已，更是「類比」於它所代表的幾何意義。他認為，圓錐截痕中的「直徑」與「正焦弦」合成一個圓錐截痕的「圖像」(figure)，經由這個圖像，可以「類比」出這個圓錐截痕的特性。

阿波羅尼斯在卷 I 的最後給出了一些逆命題 (Problems)：已知頂點（或一對頂點）、參數（正焦弦）與直徑，求出相對應的圓錐截痕或截面。從此以後，在希臘幾何以及一直到早期近代 (early modern) 的幾何學中，已知頂點、正焦弦與對稱軸，求做一條圓錐曲線就成了可以解決的問題，當然也成了倍立方問題的一種另類解法。另外，《錐線論》的第 V–VII 卷內容目前僅能從阿拉伯文譯本中得知，不過，數學史家希斯 (Heath) 認為 V–VI 卷具有高度原創性，其中第 V 卷的內容更是現存中最引人注目的。阿波羅尼斯在本卷中處理了有關「最大線」與「最小線」的問題，史家希斯認為從第 V 卷的內容，可以看到阿波羅尼斯建立了法線、漸屈線與包絡線的邏輯基礎，然而，與第 I 卷不同的是，阿波羅尼斯並沒有定義這兩者，也因此如何解讀第 V 卷還有待進一步的研究。

阿波羅尼斯的著作還有《截取線段成比例》、《截取面積等於已知面積》、《論切觸》、《平面軌跡》、《傾斜》、《十二面體和二十面體對比》、《無序無理量》和《取火鏡》等。其中，他解決困擾古代幾何學家已久、十道與相切有關的作圖問題。這些問題處理了如何作出一個和其他三個給定的圓相切的圓，且這三個給定的圓可退化成點（透過收縮）或直線（透過無限擴張）。舉例來說，給定三點，作出一圓同時通過那三點；給定三直線，作出同時和那三直線相切的圓；給定一點、一直線與一圓，作出一圓通過該點，且與給定的直線和圓皆相切，等等。這些問題通常被稱為「阿波羅尼斯問題」，它曾經啟發了笛卡兒與

費馬的解析幾何研究，也曾經是現代中小學科展的熱門問題之一。

　　對阿波羅尼斯而言，在截痕中找出的那一段與對稱軸垂直的線段——正焦弦，成了「識別」圓錐截痕的關鍵物件，他更以「近似」現代解析幾何的方法，應用相當於今日的代數關係式，來表徵幾何物件、解決幾何問題。然而，在現行的高中數學教材中，正焦弦變成只是一段背誦及計算的長度而已。[43]阿波羅尼斯在《錐線論》中所為我們呈現的圓錐曲線簡潔、一體、全面的性質，這種數學的「美學精品」如何在現行有限的教學時數下傳承給下一代，儼然成了高中數學教師的一大挑戰。

3.7　希臘化時期亞歷山卓的數學家

　　希臘數學時間跨度漫長，早期希臘數學家們的地理位置分散，前面提到過的畢達哥拉斯居住於義大利的克羅托納，柏拉圖與亞里斯多德生活於希臘半島的雅典，阿基米德則居住在義大利半島南方的西西里島上。但在希臘化時期，特別是阿基米德之後的學術中心，轉移到埃及北方的亞歷山卓，此時期的重要數學家主要活躍於此。在歐幾里得之後的五百年裡，亞歷山卓城始終是數學、科學與醫學等領域學者的學習中心。

　　當地著名的亞歷山卓博物館，是亞歷山大在埃及的繼承人托勒

---

[43] 在《十二年國民基本教育課程綱要》（亦即俗稱 108 課綱）的高中數學領域綱要中，圓錐曲線被分割成兩塊不同數學需求的學習元素。十一年級的數 B 課程中，僅由幾何面向認識圓錐與平面相截而得的「圓錐截痕」，而十二年級的數甲課程，反而被歸類為代數曲線中的「二次曲線」，無論是哪一種面向的學習，在課綱的規範下，似乎都成了考試導向的犧牲者。

密‧索特 (Ptolemy Soter) 下令建造的。這座博物館是學者們的棲身之
地，許多學者在此教授學生。同時，它也包括了一座藏書四十萬卷的
著名圖書館，因為無法容納所有的抄本，另外還有三十萬卷收藏在塞
拉比斯神廟 (Temple of Serapis)。

在亞歷山卓城活躍的重要數學家，包含有發明質數篩法、測量地
球周長，並與阿基米德通信的亞歷山卓圖書館館長埃拉托斯特尼
（Eratosthenes，約西元前 276–前 194）。以三角形面積公式著名的海
龍（Heron，約 75）。使用簡字 (syncopated) 符號並探討一系列不定（代
數）方程式的丟番圖（Diophantus，約 200–284）。提出天體運行論的
天文學家托勒密（Claudius Ptolemy，約 85–165）。討論旋轉體的表面
積和體積公式的帕布斯（Pappus，約 320）。最後，席翁（Theon，約
335–405）的女兒海芭夏（或譯希帕蒂亞）(Hypatia, 370–415)，則是第
一位有史料可稽的女性數學家。以下逐一簡介其生平事蹟。

3.7.1　埃拉托斯特尼

埃拉托斯特尼可能是較阿基米德晚一個世代的著名學者，他為學
頗樂於博採眾家之長，因有「柏拉圖第二」之美稱。[44]我們在第 3.5.2
節也提及阿基米德在他的《方法》中，如何向埃拉托斯特尼說明數學
「發現」的重要性。他以測量地球的周長而聞名。另外，他發明的「埃
拉托斯特尼篩法」是一種尋找質數的方法。我們在此僅以圖示說明（參
考圖 3.13），讀者當可理解其方法之要義。這個「初等」方法所以有
名，顯然由於質數相關問題的研究，是歷代數學家深感興趣的主題。[45]

---

[44] 參考 Calinger, *A Contextual History of Mathematics*, pp. 170–175。

還有，也因為它「初等」(elementary) 容易理解，所以，科普作家都樂意引述，算是對數學知識本身有一點交代。

$$2 \quad 3 \quad \cancel{4} \quad 5 \quad \cancel{6} \quad 7 \quad \cancel{8} \quad \cancel{9} \quad \cancel{10}$$
$$11 \quad \cancel{12} \quad 13 \quad \cancel{14} \quad \cancel{15} \quad \cancel{16} \quad 17 \quad \cancel{18} \quad 19 \quad \cancel{20}$$
$$\cancel{21} \quad \cancel{22} \quad 23 \quad \cancel{24} \quad \cancel{25} \quad \cancel{26} \quad \cancel{27} \quad \cancel{28} \quad 29 \quad \cancel{30}$$

圖 3.13：數目 1–30 的質數篩法

　　其實，埃拉托斯特尼在數學上更重要的貢獻，當推前述地球周長之推算（參考圖 3.14）。這是因為這一項「推算」必須建立在一個團隊的測量工程之上，而埃拉托斯特尼不僅是地理學的專家——他的《地理學》三卷，結合數學與地理，是相當具有前瞻性的研究成果展現，同時，他還是亞歷山卓圖書館的館長，想必因得以運用相關的學術資源，來完成他的測量計畫。他的能力與視野，可能也是阿基米德願意與他分享重要的研究心得之原因吧。請參看第 3.5.2 節。

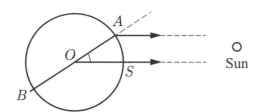

圖 3.14：埃拉托斯特尼求地球周長圖示

㊻ 數學家們發展出其他尋找質數的方法，但尚未找到能用來判斷一個給定的大數是否為質數的演算程序，也找不到可造出所有質數的公式。歐幾里得證明了沒有最大的質數，而高斯和其他人則證明隨著整數愈大，質數在整數數列裡就愈顯稀少，正如 1899 年證明的「質數定理」所顯示的結果。

3.7.2　海龍

　　希臘化時期後期的數學家們，在研究的主題上，開始轉向實用性與計算性。例如，以三角形面積公式聞名的海龍，同時是希臘的數學家，也是測量學家。在數學方面最能代表其成就的著作，是他的《度量論》(*Metrica*)。全書共分為三卷，第一卷由矩形和三角形開始，討論平面圖形和立體表面之面積，並給出著名的海龍公式 $\sqrt{s(s-a)(s-b)(s-c)}$，其中 $s=\dfrac{a+b+c}{2}$，a, b, c 為給定三角形之邊長，他還進一步提供了嚴密的證明，[46]延續了希臘的數學精神。第二卷探討立體圖形，其中包括圓錐體、圓柱體、稜柱體等立體體積的求法。第三卷介紹平面和立體圖形依給定比例之分割，並用到了求立方根的近似公式。[47]

　　海龍繼承埃及的測量科學並發揚光大，他另一部有關於測地學的著作 (*Dioptra*) 也很有名，這部著作中，海龍對如何在隧道兩端同時動工而能使之銜接提出說明，也解釋如何測量兩地的距離，以及如何在不進入一塊土地的條件下，測知這塊土地的面積。他在多本著作中提到海龍公式，並附上證明。

　　此外，他提出一個不精確的三角形面積公式，猜測是因為精確公式所涉及的開平方，並不適於一般測量人員所用。測地學中求面積和體積的方法主要為測量員、泥水匠、木匠和技術人員所需，這與純數學研究的旨趣不同。海龍也曾經撰寫過關於氣體的和水力的機械，以及關於測量問題和儀器等著作，對於測量、求積法、光學等諸多應用領域感興趣，這也代表古希臘數學家們在研究興趣上的一項轉變。

---

[46] 參考《HPM 通訊》海龍公式專輯：https://math.ntnu.edu.tw/~horng/letter/904.pdf。

[47] 參考洪萬生，〈估計 $\sqrt[3]{100}$〉。

3.7.3 托勒密

托勒密是希臘天文學家最負盛名的一位。他約生活於西元第二世紀的亞歷山卓，這裡也是他進行天文觀測的地方。不過，他與統治者托勒密王朝毫無關係。他的天文學、地理學以及地圖之製作，和他的數學成就一樣為人熟知。他所著的《天文學大成》（*Almagest*，意指最偉大）是一部集數學、天文大成的著作，共十三冊。該書提出宇宙模型，並被保存下來，直到十五世紀哥白尼的《天體運行論》(1543) 之前（參考《數之軌跡 III：數學與近代科學》第 2.1 節），是西方天文學的理論基礎。

托勒密的天文學理論，為希臘人對於大自然依數學設計的信念提供了佐證，並對當時的宇宙觀帶來深刻影響。然而，《天文學大成》也提到，天文學應盡可能選擇最簡單的數學模型，因此，他了解自己的理論僅是符合觀察結果的數學描述，亦即是所謂的「整理外觀」(Saving the phenomena)，並不必然是大自然的真正設計。不過，多虧了湯馬斯・阿奎納 (Thomas Aquinas, 1225–1274) 的《神學大全》，托勒密的天文學模型，以及亞里斯多德的宇宙論，都被後來的基督教世界奉為真理。

《天文學大成》的第一冊，包含建立給定圓心角所對應的弦長表，以及所需用到的相關定理。此弦長表相當於現代的正弦函數表，包含從 $(\frac{1}{4})°$ 到 90° 且間隔為 $(\frac{1}{4})°$ 的所有角度所對應之值，作為托勒密發展宇宙系統的重要數學工具。托勒密定理則是用來建立弦表的基本定理（參考圖 3.15）：

圓內接四邊形對角線的乘積等於對邊的乘積和。即若 *ABCD*

是圓內接凸四邊形，則 $AB \times CD + AD \times BC = AC \times BD$。

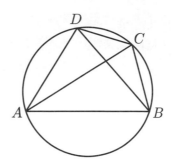

圖 3.15：托勒密定理

　　利用此定理，托勒密推導出諸如正弦的和角、差角以及半角公式等重要三角公式。此外，他也研究平面三角學與球面三角學，在《地理學》(*Geography*) 中，將球形地圖投影到平面上，記錄了世界上已知的地方和它們所對應的經度、緯度。同時，也討論了製作地圖所需的透視學技巧。

3.7.4 丟番圖

　　丟番圖生存的年代大約是托勒密之後的一世紀左右，同樣活躍於當時的學術中心亞歷山卓。對於他的生平，我們幾乎一無所知。[48]傳聞中，在他的墓碑上刻著一道數學問題，據此推測他享壽 84 歲。此墓

---

[48] 馬祖爾 (Joseph Mazur) 的《啟蒙的符號》提到，有一封來自於十一世紀僧侶的信件宣稱，誕生於亞納多留斯（Anatolius，位於現今的土耳其西南部）的老底嘉 (Laodicea) 主教，曾於西元 250 年左右，奉獻了一本專書給丟番圖。因此，後人推測丟番圖活躍的年代不會太晚於西元 250 年。

碑的內文如下：

> 墓中安葬著丟番圖，多麼令人驚訝，它忠實地記錄了所經歷
> 的道路。上帝給予的童年占六分之一，又過十二分之一，兩
> 頰長鬍，再過七分之一，點燃起結婚的蠟燭。五年之後天賜
> 貴子，可憐遲到的寧馨兒，享年僅及其父之半，便進入冰冷
> 的墓。悲傷只有用數論的研究去彌補，又過四年，他走完了
> 人生的旅途。

與其他希臘數學家不同的是，他的研究並不以幾何、圖形為主，而聚
焦在代數問題的研究。丟番圖的《數論》一書共十三卷，收集了將近
300 個問題，每個問題的解法都依賴含一個或多個未知數的多項式方
程式，其有理根即為待求之解。而著名的丟番圖方程式 (Diophantine
equation)，便是求解多類方程式的整數解問題。

《數論》十三卷共有十卷被保存下來，其中希臘文的部分有六卷，
是雷喬蒙塔努斯 (Regiomontanus) 在 1464 年發現。至於另外的阿拉伯
文版的四卷，則是在 1970 年代，由阿拉伯數學史家拉西德 (R. Rashed)
所發現。根據史家研究，其順序如下：希臘文版分別為第 I、II、III、
VIII、IX、X 卷（共有 189 題），至於阿拉伯文版的內容，則是第 A，
B，C，D 卷（共有 101 題）——這是史家卡茲 (Victor Katz) 的標號。
還有，阿拉伯文版的解法較為詳盡，史家認為其中可能包括海芭夏等
人的評註。

丟番圖的《數論》所以被認為是希臘「代數」的濫觴，是因為他
在求解方程式時，所採取的是「嚴格代數式的」進路，而非巴比倫的
「擬幾何的」方法，後者可以參考第 2.3 節。我們且舉《數論》問題

I–28（第 I 卷第 28 題）為例，來說明丟番圖的方法特色：

> 問題 I–28 求兩個數，使它們之和及它們平方之和各為給定的
> 數。

根據史家卡茲的說明，求解此一問題，還要加上一個必須滿足的條件，以及平方之和減去和的平方應為一個平方數。基於此一條件，假定和為 20，平方和為 208。此問題之一般形式，以現代符號表示，即為 $x+y=a,\ x^2+y^2=b$，這是巴比倫人求解過的問題類型，事實上，類似問題還有問題 I–27，I–29，I–30，其題型依序為 $\{x+y=a,\ xy=b\}$，$\{x+y=a,\ x^2-y^2=b\}$，$\{x-y=a,\ xy=b\}$。為了求解問題 I–28，丟番圖設兩個未知量 $10+z$，$10-z$，如此，他可以得到如下的二次方程式 $200+2z^2=208$，從而得 $z=2$，所求兩數即為 12 與 8。

　　丟番圖的方法可以求得這一類形式的方程組之解，以現代符號表示如下：

$$x = \frac{a}{2} + \frac{\sqrt{2b-a^2}}{2},\ y = \frac{a}{2} - \frac{\sqrt{2b-a^2}}{2}$$

由上述公式可知，丟番圖所加的解題條件，是為了保證該題之解為有理數。卡茲同時也備註說：「有趣的是，問題 27、29 和 30 的解也是 12 和 8，這提醒我們：無獨有偶，巴比倫人也總喜歡讓一系列的相關問題有相同的解。」[49]丟番圖究竟如何可能「繼承」巴比倫的「部分」

---

[49] 引卡茲，《數學史通論》（第 2 版），頁 140。

方法，我們還無從回答。

　　真正讓丟番圖在現代數學界 「聲名大噪」 的 ， 就是如下的問題 II–8：

　　問題 II–8：將一給定數分成兩個平方數之和。

這是由於眾所周知的事實，在《數論》1621 年拉丁文版本中，費馬就是在這個問題的頁邊，留下了後來成為費馬最後定理的註記。針對這個問題，丟番圖的解法如下：「設要將 16 分成兩個平方數之和，令第一個平方數 $= x^2$，則另一個數就是 $16 - x^2$，從而要求做到的是使 $16 - x^2 = $ 一個平方數。我們把這個平方數寫成 $(ax - 4)^2$，a 為任意整數，4 為 16 的根。例如，令邊為 $2x - 4$，則其平方為 $4x^2 + 16 - 16x$，有 $4x^2 + 16 - 16x = 16 - x^2$。在等式兩邊加上負項，並將兩邊相同的項去掉，則得 $5x^2 = 16x$，從而 $x = \dfrac{16}{5}$。於是，其中一個數為 $\dfrac{256}{25}$，另一個為 $\dfrac{144}{25}$，它們的和為 $\dfrac{400}{25}$，即 16，每一個都是平方數。」[50]

　　這是一個不定方程問題的例子 ， 求解兩個未知數的方程式 ：$x^2 + y^2 = 16$。上述解法正是丟番圖最常使用的方法之一。他還延拓到涉及立方數的情況，譬如，「求兩個數，使得它們之和與它們的立方之和各等於兩個給定的數 。」[51]這個問題相當於求解兩個未知數與兩個方程式的問題，可按現代符號表示如下：$x + y = a$, $x^3 + y^3 = b$。這是前述問題 I–28 的延拓。 為了求解， 他令兩個待求的未知數為 $10 + z$,

[50] 同上。

[51] 按卡茲編號，這是題號 B–7 的問題。參考卡茲，《數學史通論》（第 2 版），頁 143。

$10-z$，然後，代入第二個方程式，得 $z=2$。當然，為了保證解為有理數，因此，$\dfrac{4b-a^3}{3a}$ 應為一個平方數。最後，丟番圖得到的解竟然也是 12 與 8。

　　有了這兩個例子及其解法，我們就可以據以考察丟番圖乃至希臘的代數究竟是何等風貌！首先，我們必須釐清這些解法可以算是「代數（屬）性」嗎？答案是：絕對可以！因為有關「等式」及其相關運算至為重要，除了上引解題的「演示」之外，丟番圖還清楚指出：「如果一個問題引出一個方程，其中某些項等於一些同種類型但不同係數的項，這就有必要在等式兩邊從同類項中減去同類項，直至得到一項等於一項的形式。」[52]此外，在他的符號都來自希臘字母的縮寫的情況下，我們還是可以看到這些「簡字符號」的系統性使用，下面引述就是一些他所使用的術語與符號：

　　Δ^γ 代表平方數 *dynamis* x^2；

　　K^γ 代表立方數 *kubos* x^3；

　　$\Delta^\gamma\Delta$「＝平方－平方數」*dynamis-dynamis*，代表 x^4；

　　ΔK^γ「＝平方－立方數」*dynamis-kubos*，代表 x^5；

　　$K^\gamma K$「＝立方－立方數」*kubos-kubos*，代表 x^6

此外，他還運用 ς，*arithmos*（數）的頭兩個字母之縮寫或最後一個字母之變形，來代表相當於我們的 x 之未知數，希臘字「相等」的第一

---

[52] 引卡茲，《數學史通論》（第 2 版），頁 139。

個字母 τ 代表「等式」。χ 用來表示倒數，譬如 $\Delta^{\gamma\chi}$ 表示 $\dfrac{1}{x^2}$，至於由 記號 ψ 的倒寫形（見下引方程式），則表示其後的項為負，因此，丟 番圖也認識到乘以負號的規則：「負號乘以負號得正號，而負號乘以正 號為負號」。不過，這並不表示他「認識」負數，「他只不過是敘述乘 以含有減法的代數表達式所必須的規則。」[53] 若以下列方程式

$$13x^4 + 2x^3 - 5x - 9 = 4x^2$$

為例，則丟番圖的簡字代數 (syncopated algebra) 寫法如下：

$$'\Delta^{\gamma} \Delta \tau \gamma \; \mathrm{K}^{\gamma} \beta \wedge \varsigma\varepsilon \; \mathring{\mathrm{M}} \theta \; \tau\sigma \; \Delta^{\gamma} \delta'.$$

上式的最後一項代表 $4x^2$，其中 δ' 代表 4（δ 是第 4 個字母，右上角 的一撇是為了強調它代表數目），Δ^{γ} 代表 x^2。至於 $\tau\sigma$ 則代表等式， 因為希臘字的「相等」為 $\iota\sigma\sigma\varsigma$，此處簡字取前兩個字母。[54] 還有，在 本例中，丟番圖的 x^4 表示四個數或量相乘，這是歐幾里得的數論未曾 出現的「乘積」。

　　為了說明這些乘冪記號的「合理性」，丟番圖「不憚其煩地」提供 了一個相關的乘（除）法規則：

　　那麼，當我用 x 來乘 x^3 時，結果和我作 x^2 的自乘相同，並

---

[53] 同上，頁 138。

[54] 參考 Grattan-Guinness, *The Fontana History of Mathematical Sciences*, p. 81。

將結果稱之為 x^4。如果 x^4 被 x^3 來除，結果就是 x，即 x^2 的平方根；如果被 x^2 來除，結果為 x^2；如果被 x 來除，即被 x^2 的平方根來除，結果為 x^3。……當 x^5 乘以 x 時，結果就與 x^3 自乘是一樣的，也和 x^2 乘以 x^4 一樣，結果稱之為 x^6。如果 x^6 被 x，即 x^2 的根來除，結果為 x^5；如果被 x^4 來除，結果為 x^2；如果被 x^5 來除，結果為 x，即 x^2 的根。[55]

丟番圖的「代數」或「數論」儘管與歐幾里得的進路（譬如《幾何原本》第 VII–IX 冊的結果）有一些表面的相似性，但是，史家葛羅頓—吉尼斯還是注意到：兩者的差異是完全在於其根本性質。尤其是丟番圖使用分數更甚於輾轉相減 (anthyphairesis) 所得到的 「比」，甚至因而造成後者的沒落。[56]再者，他鍾愛的證法 (proof-method) 也大不相同，因而會引發我們想像給定問題可能無解，事實上，他的確給出一個不可能有解的問題，那就是問題 D–11：「將一給定的平方數分成兩部分，使得其中一部分與這個平方數之和也是一個平方數，而其中另一部分減這個平方數之後，也將得出一個平方數。」[57]另外，有別於歐幾里得的全然演繹特色，丟番圖會在解題之前假設答案已知，有時候甚至於假定答案錯誤，然後運用歸謬法來加以改正。這種方法論特色，讓我們立刻可以聯想到第 3.7.5 節即將介紹的帕布斯之解析法。

---

[55] 引卡茲，《數學史通論》（第 2 版），頁 142。

[56] 根據英國科學史家勞埃德的看法，歐幾里得是運用這種演算法來驗證：給定的兩個線段是否可公度量，如果可以，那麼它們就有一個「比」存在。但是，這個比並未被他視為分數。參考 Lloyd, *Reason, Magic and Experience*。

[57] 引卡茲，《數學史通論》（第 2 版），頁 143。

　　總之，丟番圖的作品中引入初步的代數符號法則，使用縮寫符號來表示未知數及其次方，這些當然有助於代數的發展，只是希臘數學傳統即將中斷，譬如，海芭夏（參考第 3.7.6 節）為他作品所做的評註，似乎就未能「及時地」影響後世的數學家，即使是斐波那契 (Fibonacci, 1170–1250) 的《平方數之書》(1225) 顯然也不是丟番圖數論研究之遺緒（參考《數之軌跡 II：數學的交流與轉化》第 3.5 節）。不過，由於他的數學研究（主題如今之所謂的丟番圖方程，Diophantine equation）之獨創性，以及他的《數論》在文藝復興時期的流傳，都為後來的西方數學發展，帶來重要的影響與貢獻。

3.7.5 帕布斯

　　大約西元 300 年後，針對古希臘作品編輯與註解的學術研究逐漸風行。這些著作收集許多早期的數學文獻，是我們得以了解希臘數學傳統的重要依據。帕布斯（居住在亞歷山卓港）的主要作品被稱為《數學匯編》(*Mathematical Collection*)，包含了原始典籍、早期作品的註解，甚至其他數學家著作的摘要等，這些是我們得以知曉阿基米德、歐幾里得、阿波羅尼斯，以及其他數學家貢獻的重要來源。

　　帕布斯的數學貢獻，一方面在於他對解析法 (method of analysis) 的討論，解析法作為數學上發現證明或求解的方法，而綜合法 (method of synthesis) 則賦予證明或作圖的演繹過程。再者，以他為名的帕布斯定理則指出：若一封閉的平面曲線以一條未通過該曲面的直線為中心軸旋轉，則此立體的體積為該封閉曲線所圍成的面積，與截面質量中心所繞路徑長之乘積。此外，他也研究了被後來解析幾何所歸類的一些基本原理、等周問題，分析蜜蜂六角形巢穴的效能，並且曾透過角度的高觀點，論述三等分角問題，還有研究過圓錐曲線相關命題等。

3.7.6　海芭夏

基督教誕生前，柏拉圖和畢達哥拉斯的哲學學派，曾創造一個有利的社會文化環境，讓一些女性得以從事學術研究。海芭夏是希臘化時期晚期的重要數學家，也是史料可稽的第一位女數學家。她的父親席翁曾在亞歷山卓擔任教職，海芭夏從小成長在自由開放的教育環境中，致力於數學與天文學的學習與研究，並曾經在亞歷山卓擔任教師，教授數學與哲學。

席翁教導女兒海芭夏的一些插曲，非常值得我們稱頌，特別是基督教勢力逐漸壯大之際。他特別關心海芭夏「是否有明辨是非的能力，並提醒她不要有頑固不變通的信仰盤據生活，否則會因此而排拒新的真理」。他又告誡說：「保留思考的權利！因為即使想錯了，總比什麼都不想來得好些。」[58]

席翁曾經改編歐幾里得《幾何原本》及托勒密《天文學大成》，而海芭夏則寫下她父親作品、阿波羅尼斯的《錐線論》，以及丟番圖作品的評註。不幸的是，由於被捲入宗教、政治權力鬥爭，最後在西元415 年時，被狂熱的宗教分子謀殺。她的許多作品，也隨著亞歷山卓圖書館被毀而亡佚。[59]

許多史家認為海芭夏的死亡，見證了希臘數學的徹底終結。她的城市──（埃及）亞歷山卓曾有托勒密王朝的長期經營，在羅馬人的統治下，多少還能保有希臘輝煌數學的餘緒，但是，由於統治者忽視數學傳統的維繫，再加上在基督教被宣布為羅馬國教之後，地方性的

---

[58] 參考 Osen，《女數學家列傳》，頁 24。

[59] 電影《風暴佳人》(*Agora*) 是她的「傳記」電影，儘管有些史實交代有一點年代誤置。

政教鬥爭，不斷地衝擊埃及等東地中海地區，因此，在歐幾里得與阿波羅尼斯的經典作品沒人可理解並進行教學時，希臘數學就完全淪亡了。數學史家卡茲的評論值得引述如下：「希臘傳統在埃及的羅馬統治時期也的確繼續了幾個世紀，這主要是由於亞歷山卓的博物館和圖書館仍然存在，學生們還能繼續學習和詮釋古代的教本，但是教師越來越少，完成新的著作也越來越少。在第四世紀末，大圖書館的徹底毀壞最終切斷了與過去的脆弱聯繫，儘管雅典和其他地方在一段時間還有一點有限的數學活動——在這些地方還能找到經典著作的本子——但是，把自己的精力貢獻給數學的人，實在是越來越少，從而學術傳統，包括希臘數學，就壽終正寢了。」[60]

圖 3.16：海芭夏畫像

---

[60] 引卡茲，《數學史通論》（第 2 版），頁 149。

3.8　古代數學的黃金時代

　　我們希望本章的簡要內容，足以見證希臘之所以成為古代數學的黃金時代。古希臘人探討宇宙如何構成以及世界如何運行，為此，他們相信宇宙的藍圖是採用數學設計，世界的運行遵守數學定律，而人類透過思維就可以發現這些定律。究其根源，古希臘哲學家兼數學家的貢獻卓著，並發揮了主導的作用。

　　以畢氏學派為例，他們提出萬物皆數的理念，自然現象唯有透過數目才能解釋。柏拉圖進一步主張，數學是理想世界中，永恆不變的知識體系，數學的思考與訓練幫助我們超越變幻無常的物質世界，然後，洞見抽象事物的本質。另外，再基於亞里斯多德的觀點，數學在公理系統下必然為真，是最具確定性的知識。因此，數學知識地位崇高，數學學習具正當性與必要性，從而最深刻的思想家都被吸引到數學領域，來參與「**知識獵奇**」**(intellectual curiosity)**。所有這些都曾經是人類文化史上的大事，值得我們共同珍惜這個獨特的歷史記憶。

第 4 章
中國數學

4 中國數學

 內算 vs. 外算

　　中國出土的史前文物之中，可以發現許多與數學相關的部分，而在有了文字記載之後，關於數學知識的活動，也隨著其他事件或文本紀錄下來。從文獻的記載來看中國數學（或稱算學）起源的說法，倒是可以看出古代中國數學的獨特之處。歷史文獻中的說法，不外乎託古伏羲、黃帝、隸首、周公等傳說中或歷史中的人物。這當然只是文獻中的一種敘事手法，我們不必當真，但關於伏羲與周公的說法，倒是值得我們多加留心。

　　文獻中記載中國數學的起源，常有「伏羲畫八卦、周公作九數」之說，例如，劉徽在〈九章算術注序〉中，開宗明義就說：

> 昔在庖犧氏始畫八卦，以通神明之德，以類萬物之情，作九
> 九之術，以合六爻之變。……。按周公制禮而有九數，九數
> 之流，則《九章》是矣。

「庖犧氏」就是一般稱的伏羲。韓延（或為唐代中葉之人）在〈夏侯陽算經序〉中寫到「算數起自伏羲」，唐代王孝通在〈上緝古算經表〉提到「昔周公制禮有九數之名」。甚至到了清代，《御製數理精蘊》說明數理本源時，仍稱「粵稽上古，河出圖，洛出書，八卦是生，九疇是敘，數學亦於是乎肇焉」。這裡雖未明指伏羲畫八卦，但也指出數學

之初始，與八卦有關。

　　八卦與中國數學何關？這稍後再說，先看看九數與中國數學的關聯。相傳中國古代很早就將數學納入貴族教育之中，據《周禮‧地官司徒》章中的記載：

> 保氏：掌諫王惡，而養國子以道。乃教之六藝：一曰五禮，
> 二曰六樂，三曰五射，四曰五馭，五曰六書，六曰九數。

其中「六藝」中的「九數」，顯然與數學有關。東漢鄭玄引鄭眾之說，認為「九數」就是指方田、粟米、差分（衰分）、少廣、商功、均輸、贏不足、方程、旁要（勾股）這九個數學主題，而這九個數學主題，基本上就是後來《九章算術》中的九個篇章（關於《九章算術》的介紹，請見第 4.4 節），除了最後一個「旁要」改為「勾股」之外。由此看來，中國古代數學是很「務實的」，都是處理實際的問題，與今日對數學的認知並沒有太大的衝突。

　　然而，若再看《漢書‧律曆志》的敘述：「數者，一十百千萬也，所以算數事物，順性命之理。」其中的「順性命之理」，則完全不在今日的數學範疇之內，反倒是出現在《周易‧說卦》之中：「昔者聖人之作《易》也，將以順性命之理。」由此觀之，中國古代數學，不只包含「九數」範疇，還有道德訴求的面向。再者，從《易》衍生而出的，還有占卜、預言之學，而這也屬於中國古代數學的內涵，稱為「數術／術數」之學。宋代《算經十書》中的《數術記遺》，或可證實中國古代數學的「神祕」面向。

　　由此可見，「伏羲畫八卦、周公作九數」託古之說，雖不能盡信，倒也點出了中國古代數學的特色，既務實又神祕，至於作用的對象，

則包含物理世界，也含括不可知的國度。南宋秦九韶說數學之用「大則可以通神明，順性命；小則可以經世務，類萬物」。即是很好的見證。另外，在古代「通神明」除了與不可知國度相通外，還與天（道）相通，這個「天」，包含日月星辰運行中所隱含或透露的訊息，無怪乎秦九韶又說：

> 若昔推策以迎日，定律而知氣，髀矩濬川，土圭度晷，天地
> 之大，囿焉而不能外，況其間總總者乎？

秦九韶更進一步依數學作用的對象分為內算與外算。「今數術之書，尚餘三十餘家，天象歷（曆）度，謂之綴術，太乙、壬、甲，謂之三式，皆曰內算，言其祕也。」天文、曆法及數術中的太乙式、六壬式、盾甲式，無論是揭天地之祕，還是不可知之祕，這類「通神明，順性命」的，秦九韶統統歸為內算。至於「《九章》所載，即周官九數，繫於方圓者，為叀（專）術，皆曰外算，對內而言也」。也就是「經世務，類萬物」的，則歸為外算。

　　秦九韶對數學（算學）雖然有內、外之分，但強調內算與外算「其用相通，不可歧二」。他的觀點，相當忠實地反映出中國古代數學的特色。❶今日學數學，完全不涉及內算數術部分，但中國古代學算者，內外兼修，「不可歧二」，應是最起碼的素養。這部分，還可徵之於後文第 4.9 節。

　　有關內算的部分，無論是天文、曆法還是數術，基本上已不屬於

---

❶ 其實，古代西方數學也是如此。有關內外算兼修數學家的案例，可參考洪萬生主編，《窺探天機：你所不知道的數學家》。

今日數學的範疇。這門學問已經另有專門領域的學者專家研究，我們不敢逾越此一專業分際，因此，就此打住。至於外算的部分，中國古代留下許多寶貴的遺產，值得好好珍視。以下，讓我們先從秦、漢的數學簡牘談起。

 4.2　秦簡《數》

近年出土不少秦漢時期或更早的竹簡及木牘，其中與數學有關的，計有北京清華大學藏戰國簡《算表》、北京大學藏秦簡、嶽麓書院藏秦簡《數》、張家山漢簡《筭數書》、湖北博物館藏睡虎地漢簡、湖南里耶秦九九乘法表木牘，以及一些零星的簡牘。在這些出土的竹簡、木牘中，已完整公布且具有豐富數學內容的，就屬秦簡《數》及漢簡《筭數書》，本節及下一節將分別介紹這兩部數學竹簡文本。

《數》簡在專家學者整理統計完後，有 236 枚給予編號，另有 18 枚殘片。完整的簡長大多約 27.5 公分，寬約 0.5～0.6 公分，有上、中、下三道編繩。文字寫於竹黃面（即凹下去竹幹內部那一面），大都介於上、下兩道編繩之間。只有 0956 號簡背面（即凸出來竹幹外部那一面）有一個字「數」，學者依此定名此份秦簡。《數》的總計數約 6300 字，由字跡風格、個別字體的不同寫法、竹簡內容判斷，應該是由一個人抄自不同的文本，編成的年代下限為西元前 212 年（秦始皇 35 年）。

根據蕭燦《嶽麓書院藏秦簡《數》研究》之分類，《數》共含 81 題完整算題，分別與租稅、面積、營軍之術、合分與乘分、穀物換算、衰分、少廣、體積、贏不足，以及勾股有關，另外，還有多枚竹簡單列術文或單位換算、物價、穀物換算比率等，內容相當豐富。就數學

內容來看，除了沒有方程術（線性聯立方程組）的內容外，其餘都在
九數（《九章》）的範疇之中。在這些算題之中，贏不足類包括有一題
用八錢買稻、粢、叔（菽）共十斗，這一題算是比較特別的算題之一。
題目、答案及術文經校勘後，可還原如下：

稻十斗九錢，粢十斗七錢，叔十斗五錢，今欲買三物共十斗，
用八錢，問各幾何？

曰：稻六斗，粢三斗，叔一斗。

述（術）曰：置稻九，不足一其下；粢七，直（置）贏一其
下；叔五，直（置）贏三其下。粢贏一乘稻九，以叔三乘粢
七，同之，卅為稻實；以叔贏三乘叔五，十五為粢實；以稻
不足一乘叔五，為叔實。同贏、不足，五以為法，如法各得
斗數。

術文是說，若分別買十斗稻、粢、叔，那金額分別會不足一錢、贏一
錢、贏三錢，然後

$$\underset{\substack{\text{粢贏}}}{1} \times 9 + \underset{\substack{\text{叔贏}}}{3} \times 7 = 30 \; ; \; \underset{\substack{\text{叔贏}}}{3} \times 5 = 15 \; ;$$
$$\underset{\substack{\text{稻不足}}}{1} \times 5 = 5 \; ; \qquad \underset{\substack{\text{贏}}}{1} + \underset{\substack{\text{贏}}}{3} + \underset{\substack{\text{不足}}}{1} = 5$$

（說明：
第一行下標：粢贏 稻 叔贏 粢 稻實 叔贏 叔 粢實
第二行下標：稻不足 叔 叔實 ；贏 贏 不足 法）

接下來，將所求得之法 5，分別去除稻實 30、粢實 15、叔實 5，就會
得到共要買稻 6 斗、粢 3 斗、叔 1 斗。

　　若我們從答案去核算，稻 6 斗、粢 3 斗、 叔 1 斗所需之金額為

$6 \times \dfrac{9}{10} + 3 \times \dfrac{7}{10} + 1 \times \dfrac{5}{10} = 8$ 錢，符合題設，乍看之下並無異常，似乎是用贏不足術求出了正確的答案。但若細思之，則會發現此題特別之處有二。其一，此題有三個未知數，卻只有兩個條件，所以理應有無限多組解，即便只考慮正整數解，仍還有「稻 7 斗、黍 1 斗、叔 2 斗」這一組解；其二，「述（術）曰」中的計算過程，雖是使用贏不足術，但於算理不合，也就是說，的確是算出一組答案，但計算過程是沒有數學意義的。數學史家鄒大海推測古人在設計此題時，先有答案和題設，然後再擬合術文。換言之，古人只注意到可以湊出符合題設及答案的術文，但未察覺這樣的過程，在數學上是解釋不通的。

　　題設、答案及術文都正確無誤的算題，可以讓我們了解古代數學的水平，而上面所引這題《數》中少數的「失誤」，卻可以讓我們一窺古代數學發展及傳播的細節。《數》抄錄自不同的原本，而抄錄過程是將相同、類似的算題放在一起，且多數沒有題名，呈現「群組」的特性。何以要如此呢？如再就《數》的內容來看，大抵都是秦朝官吏在計算租稅、土地面積、穀物體積、工程土方量、繇役分派等所需要的公式或算則。因此，或許我們可以大膽地推測，抄錄《數》的目的，很可能就是為了吏徒的養成教育，充當算學教材之用。臺灣 HPM 團隊蘇意雯等人指出，在租稅類算題中，有 9 題針對大枲、中枲、細枲各種枲（大麻的雄株，可作為織物原料）的算題，體例上不同於其他算題的提問形式，比較像是「枲輿田術」的練習題，這也可以佐證《數》與吏徒數學訓練的關係。有關中國古代數學的發展及傳播，與基層官吏的培養及訓練之間的關聯，在後文《筭數書》中亦可以見到。

　　總之，數學史家對《數》的研究，揭露了中國古代數學的發展面貌。在秦朝時，顯然存在有許多不同的數學著作或抄本，《數》的抄

　　錄，不僅保存了早期數學語言表述的特徵、多種古算法的應用實例，我們從中也可以看出秦代數學已經有抽象化與理論化的發展趨勢。

 漢簡《筭數書》

　　西元 1983 年底到隔年初，中國考古學家在湖北江陵張家山第 247 號墓，出土了八部竹簡，其中一部與數學有關，文字均書寫於竹黃面，其中有一支背面有「筭數書」三字，且頭端有黑色方塊標誌，因此，推定此部竹簡名為《筭數書》。出土的另一部竹簡《曆譜》記年的最後一年，是西漢呂后二年（西元前 186 年），據此定為《筭數書》的年代下限。

　　《筭數書》共有竹簡 190 支，簡長 29.6～30.4 公分，簡寬 0.6～0.7 公分，有上、中、下編繩各一。全書有 69 個題名，92 題完整算題，6 個獨立術文。全書應為一人所抄寫，特別的是，書中出現「楊」、「王」、「楊已讎」、「王已讎」，指明有楊、王兩人曾擔任抄寫或校對的工作。若依九數（《九章》）分類來看，《筭數書》內容涵蓋了方田、粟米、衰分、少廣、商功、均輸、贏不足，而少了方程與勾股。不過，《筭數書》的內容安排，並非按照九數（《九章》）的順序。概略來看，第 1–10 個題名為分數的四則運算，第 11–51 個題名都是與比例有關的實用問題，第 52、53、68 個題名是用贏不足術求解的算題，第 54–63 個題名求各式墓道、草垛、糧倉的體積、容積，其餘的第 64、65、66、67、69 個題名，則是關於求長方形的面積、邊長、不同單位的面積換算。依算題的順序編排觀之，《筭數書》像是一本實用算術手冊，為何要如此編排？為何墓主會擁有數學實用手冊？我們留待後文再談，先檢視《筭數書》中值得一看的兩題算題。

首先，是關於贏不足術的問題。第 68 題，題名「方田」：

田一畝方幾何步？

曰：方十五步卅一分步十五。

术曰：方十五步不足十五步，方十六步有餘十六步。曰：并
贏、不足以為法，不足子乘贏母、贏子乘不足母，并以為實。
復之，如啟廣之术。

古代一畝田相當於 240（平方）步，照本題的算法，面積為 240（平
方）步的正方形邊長求法為

$$\frac{\text{不足子} \times \text{贏母} + \text{贏子} \times \text{不足母}}{\text{贏子} + \text{不足子}} = \frac{15 \times 16 + 16 \times 15}{16 + 15} = 15\frac{15}{31}$$

從今日數學的角度來看，這平方根近似值的算法等價於 $\sqrt{a^2 + r} \doteq a$
$+ \dfrac{r}{2a + 1}$。用贏不足術求平方根的近似值，這是第一次出現，而且，
在後來系統化的《九章算術》中，也未出現這種算法，頗有空前絕後
之架勢。此種算法是相當有效率的平方根近似值求法，但為何未收入
後來的算學文本，則是個有趣待探究的問題。

　　當然，我們也可以作如下的猜測：本題算法的提出者，會不會如
同上一節所引《數》中用八錢買稻、粢、叔（菽）共十斗之題，「誤用
了」贏不足術？只是《數》中該題的贏不足術於算理不合，而《筭數
書》這題的贏不足術，「恰巧」符合數學意義？

　　再看第 9 個題名「徑分」，

徑分以一人命其實，故曰：五人分三有（又）半、少半，各
受卅分之廿三。其术曰：下有少半，以一為六，以半為一，
以少半為二，并之為廿三，即值（置）一數，因而六之以命
其實。有（又）曰，术曰：下有半，因而倍之；下有三分，
因而三之；下有四分，因而四之。

本題是簡單的分數除法，用今日的符號表示，就是計算 $(3 + \frac{1}{2} + \frac{1}{3})$
$\div 5 = \frac{23}{30}$。其解題過程不難理解，請讀者自行檢視。在此，要特別指出
的是，本題中所出現的「故」和「因而」，兩者分別在《算數書》中出
現 1 次和 13 次，都帶有議論或論證之意，而這種議論或論證之風格，
雖然盛行於先秦的思想家，但到了漢代的《九章算術》之中，卻全然
消失。為何《九章算術》的編纂者不保留這種議論或論證風格，或是
特意「抹除」這種風格，今日仍未全然明白。《算數書》出土的另一層
重要意義，就是說明了先秦諸子百家之論辯，的確曾經在數學知識活
動中留下痕跡。

　　最後，由同墓出土的《曆譜》可知，墓主生前曾擔任過公職，由
墓地規模與棺槨大小推測，擔任的職務屬基層官吏之位階，再從出土
的竹簡中有關於律令的《二年律令》、司法案件的《奏讞書》與軍事兵
法的《蓋盧》推斷，墓主生前或許擔任過地方丞級官吏。漢初仍保留
秦朝的學吏制度，也規範了史、卜、祝三種小吏的考試、選拔與任用，
因此，我們或可大膽猜測，墓主在去職到去世這近十年的時間，很可
能從事訓練吏徒的工作，而訓練吏徒所用的數學教材，應當就是《算
數書》了。

　　無論是秦簡《數》還是漢簡《算數書》，都很有可能與當時官吏或

吏徒的訓練有關，這或許描繪了中國古代早期的數學發展圖像：在教育制度尚未普及、數學知識傳播與保存不易之際，藉著統治與行政的需求，數學在官方或半官方體制中發展並傳承。倘若如此，那麼，《周禮》中的六藝之說，則又增加了幾分可信度。《數》、《筭數書》之前的數學知識活動尚需要更多的文物出土，其圖像才能更加明朗。然而，《數》、《筭數書》卻清楚地傳遞一個訊息，就是在秦漢時期，存在著多種數學文本，它們都藉由傳抄，讓數學知識得以流傳，而且，主要是在官吏與吏徒間流傳。那麼，隨之而來的問題是，這些多元的數學文本，何以失傳？在漢皇朝穩定統治中國後，是否有人嘗試統合各種數學抄本？這個統一的版本，會不會就是我們下一節所要談的《九章算術》？

 4.4　《九章算術》

　　無論《筭數書》與《九章算術》的關係為何，兩書中有一些題問、算法（術曰）都極類似的現象，當我們進一步比較算法及其脈絡時，應該特別注意。譬如說，有關「輾轉相除法」的問題，在《筭數書》中，其約分術及例題如下：

　　約分術曰：以子除母，母亦除子，子、母數交等者，即約之矣。又曰，約分術曰：可半，半之，可令若干一，若干一。
　　其一術曰：以分子除母，少，以母除子，子、母等，以為法，子、母各如法而成一。不足除者，可半，半母亦半子。
　　二千一十六分百六十二，約之百一十二分九。

至於《九章算術》的「約分術」則參考其第一章第五、六題及其算法
（或解法）：

> 今有十八分之十二，問約之得幾何？
>
> 答曰：三分之二。
>
> 又有九十一分之四十九，問約之得幾何？
>
> 答曰：十三分之七。
>
> 約分術曰：可半者，半之。不可半者，副置分、母子之數，
>
> 以少減多，更相減損，求其等也。以等數約之。

儘管上述兩術的描述有出入，但是，其為輾轉相減（或「更相減
損」），❷以達到分母、分子最後「相等」的地步為止，則本質上略無
差異，因為關鍵詞（或運算）是「以子除母」、「母亦除子」、「以少減
多」，及「交等」都可以在實際運算操作時，呈現它們的具體意義。

　　現在回到《九章算術》經典本身。被稱為算經之首的《九章算術》
是中國最重要的數學著作。在二十世紀之前，不僅中國，甚至今日東
亞的韓國、日本及越南的數學發展史，都受到《九章算術》的影響。
然而，《九章算術》的作者或編纂者為何人？為何要編纂《九章算術》？
這迄今仍未可知，只能從一些佐證來旁敲側擊。

　　西元 179 年，東漢靈帝光和二年的大司農斛、權銘文昭告：「依黃
鐘律例、《九章筭術》，以均長短、輕重、大小，用齊七政，令海內都
同。」這段銘文，是目前最早出現《九章算術》的史料文物。因此，

---

❷ 在此，《筭數書》中的「除」都是指除去或減去的意思。事實是，歐幾里得的輾轉相
除法本義也是輾轉相減法。

《九章算術》在東漢末年已經成為國家宣告度量衡的重要依據經典，殆無疑問。換言之，《九章算術》成書必在此之前。

最早提到《九章算術》成書的是其重要的注釋者劉徽（見下一節），他認為是西漢初年張蒼（約西元前 253–前 152）與西漢中葉的耿壽昌（生卒年不詳，在漢宣帝時擔任大司農中丞）根據舊文遺殘所編纂的：

> 漢北平侯張蒼、大司農中丞耿壽昌皆以善算命世，蒼等因舊文之遺殘，各稱刪補。故校其目則與古或異，而所論者多近語也。

若從出土的《數》與《筭數書》對照來看，劉徽之說，確實是充滿了吸引力！在秦漢之際，確實有許多不同版本、風格的數學著作、抄本，這些很有可能就是《九章算術》編纂者（可能為張蒼、耿壽昌）的依據。話雖如此，在缺乏直接證據的情況下，仍需對劉徽的說法適當地保留。

雖然我們至今仍無法確認《九章算術》的作者與成書年代，但根據數學史家對其內容、體例、用詞、書中的物價等等進行考證，《九章算術》確實承襲了類似《數》與《筭數書》的數學文本。全書依序分為方田、粟米、衰分、少廣、商功、均輸、贏不足、方程、勾股九章，含有近百條公式、術文，共有 246 個算題。這些算題、術文的編纂，並非隨機抄錄，而是有固定的形式。數學史家郭書春指出，大多數的題目都是以術文為中心，有時候是由一個抽象術文引領，例如，第三章〈衰分〉先給出：「衰分術曰：各置列衰，副并為法，以所分乘未并者各自為實，實如法為一。不滿法者，以法命之。」然後是各式例題。

也有時候是題目在前，多個相同解法的題目之後才出現術文。另外，《九章算術》中也出現將各種類似的應用問題匯集在一起的情形，成為應用問題集的形式，此時多是一題一術。每個題目都有「答曰」，但不一定有「術曰」。有的「術曰」相當於今日的公式或定理，具有一般性，也展現中國古代數學的程序性算法特點；有的「術曰」則只是題目的計算過程，不一定能抽象化成一般性的公式，這種情形基本上出現在應用問題集形式的算題。

相較於《數》與《筭數書》，《九章算術》不僅在題目、術文的安排上，有更嚴謹的結構性，在數學表達上，更有一致性。比方說，分數的表達上，《筭數書》就十分不一致，《數》中也沒有統一的表示法，這當然與它們是抄自不同文本應有很大關係。然而，在目前可見的《九章算術》版本中，$\frac{b}{a}$ 統一寫為「a 分之 b」，若有單位，例如「步」，則統一寫為「a 分步之 b」。另外，問法、答案的格式，《九章算術》中也都是一致的。《九章算術》對算書格式及表達形式的規範，一直被沿用到清朝為止。

《九章算術》中有許多特出的數學成果，例如方程術（線性方程組聯立解法）、開方術、正負術、勾股問題等等，礙於篇幅，無法在此一一介紹，請讀者參閱《九章算術》研究的專書或專文。不過，有鑑於方程術之獨特，我們還是要略加說明，帶給讀者一個起碼的輪廓。

方程術是《九章算術》第八章的主題。這個主題未見於《數》及《筭數書》這兩部秦漢竹簡，或有可能是它的方法比較難以學習的一個見證。茲以該書第八章第一題為例，我們將簡要說明方程術及正負術。[3]這第一問題目如下：

今有上禾三秉，中禾二秉，下禾一秉，實三十九斗；上禾二秉，中禾三秉，下禾一秉，實三十四斗；上禾一秉，中禾二秉，下禾三秉，實二十六斗。問上、中、下禾實一秉各幾何？

答曰：上禾一秉九斗四分斗之一，中禾一秉四斗四分斗之一，下禾一秉二斗四分斗之三。

如設上禾一秉（亦即一束）為 x 斗，中禾一秉為 y 斗，下禾一秉為 z 斗，則根據題意可以列出（古代）籌式（係數改為印度阿拉伯數碼）及線性聯立方程組如下：

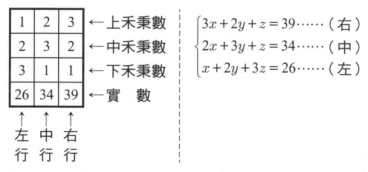

$$\begin{cases} 3x + 2y + z = 39 \cdots\cdots（右） \\ 2x + 3y + z = 34 \cdots\cdots（中） \\ x + 2y + 3z = 26 \cdots\cdots（左） \end{cases}$$

圖 4.1：《九章算術》方程術的籌式及其對應的線性聯立方程組

然後，將此聯立線性方程組的係數及常數項以增廣矩陣表示，則方程章的「術曰」可以完美「翻譯」成現代的高斯消去法 (Gaussian method of elimination)。這個既古典又現代的「術曰」真是令人驚豔與讚嘆，

---

❸ 參考蘇俊鴻，〈方程術：矩陣的高斯消去法〉。

可見「跨時空」的分享數學知識活動，的確可以開闊我們的眼界。

本節最後要討論的問題是：秦漢官吏何以要編纂體例格式及表達形式都高度一致的《九章算術》？劉徽注序提到張蒼與耿壽昌，前者在秦朝當過官吏，在漢朝當過（掌管各郡國財政統計工作的）計相；後者在漢宣帝時任職大司農，負責整個國家的財政工作。若由他們兩人編纂、刪修而成的《九章算術》，為國家培養有數學才能的官吏，以推行各項稅收、丈量、統計、工程、分配等施政，想必是當下的考量之一。無論張蒼、耿壽昌是否真的如劉徽所說，編纂及刪修《九章算術》，《九章算術》到了東漢末年成為國家認可的官方典籍，這是千真萬確的。

因此，從《數》與《筭數書》很可能都與官吏行政與吏徒訓練有關來看，《九章算術》承襲了秦漢之際的數學文本而最終成為官方典籍，國家官吏的統一數學教材，極有可能就是《九章算術》成書、演變的核心考量，因而才會在體例格式與表達形式上，有如此高度的一致性。

至此，中國古代「外算」的主要發展脈絡，似乎就是沿著國家發展、官吏數學才能培養這一路線開展的，換言之，當官作吏成了數學學習的外在動機。然而，數學學習若沒有內在動機，亦即對數學知識的純粹喜好，是很難成為傑出的數學人才。在秦朝與兩漢，我們不易找到純粹「為數學而數學」的知識活動痕跡。但到了魏晉南北朝時期，情況有了改變，而且還出現十分耀眼、傑出的成果。

4.5　魏晉南北朝算學

　　中國數學史家注意到魏晉南北朝，尤其是魏晉時期算學的「非實用」風貌，首推錢寶琮。他在西元 1930 年代曾經評論劉徽注《九章算術》之獨特貢獻：

> 徽所撰注，崇尚理證，務求明晰，未嘗拘泥古法，視趙爽《周髀注》為猶勝一籌。中國算學得由經驗的公式，為合理的研究，劉徽之功為多云。

這個提醒再加上漢學家華道安 (Donald Wagner) 有關 〈商功〉 章劉徽注的深入研究，對於自修中算史頗有啟發。西元 1980 年代初，我得以撰寫〈重視證明的時代：魏晉南北朝的科技〉，[4]就是最佳明證。事實上，我對科學史家李約瑟 (Joseph Needham) 有關中國算學之評價始終耿耿於懷，因為他認定中算成就主要出自「漢、宋兩朝」，這或許也可以解釋李約瑟在他的鉅著 《中國之科學與文明》 (*Science and Civilisation in China*) 第 III 冊中，何以劉徽被描繪成為「『經驗』立體幾何學的偉大解說者」。

　　中國漢、宋兩朝算學的確成就卓著，然而，魏晉南北朝也不遑多讓。現在，就讓我們在本章其餘篇幅內，藉著劉徽、趙爽以及祖沖之父子等人的「生平事蹟」，來呈現這個時期中國算學的不可忽視風貌。

---

❹ 參考洪萬生，〈重視證明的時代：魏晉南北朝的科技〉。

劉徽

劉徽（約 220–280），中國古代最傑出的數學家之一，魏晉時期之人，生平不詳，我們確切知道的是他注解了《九章算術》(263)，還留下一本數學著作《海島算經》。

《九章算術》在東漢末年之前就已成為國家認可的官方典籍，無疑地也是官吏數學能力培養的主要來源。據劉徽自序：「徽幼習《九章》，長再詳覽。觀陰陽之割裂，總算術之根源，探賾之暇，遂悟其意。是以敢竭頑魯，采其所見，為之作注……當今好之者寡，故世雖多通才達學，而未必能綜于此耳。」劉徽年幼時就學習《九章算術》，其目的是否為了將來擔任官吏，這我們不得而知。但他年長之後，重新再讀，不僅讀通了《九章算術》，還為其注解。

在本章第 4.3 節〈漢簡《筭數書》〉中曾提及，《九章算術》之中全然沒有議論或論證，而這部分，則由劉徽注解時的「析理以辭，解體用圖」所填補。不過，根據史家郭書春的研究，《九章算術》方亭、陽馬、羨除、芻甍、芻童等術的劉徽注之第一段，方錐術注、鱉臑術注等等，都是劉徽繼承他之前的「說算者」而來。❺可惜，這些珍貴的論證證據未曾隨著《數》、《筭數書》及《九章算術》流傳下來。儘管如此，我們還是可以這麼說，《九章算術》建立了中國古代數學的框架，而劉徽注則完成這框架的理論體系。以「體積理論」為例，史家郭書春認為《九章算術》的公式可以整理成圖 4.2 的框架，至於圖

---

❺ 「說算者」一詞後來又見之於唐代李籍的《九章算術音義》。他在註解「乘分」時，指出：「自合分已下，獨乘言田，而皆列于方田者，欲其學數者不可後也。故說算者以謂『為數者先治諸分』。能治諸分，則數學之能事盡矣。」

4.3，則是劉徽的體積理論體系。**❻**比較兩圖，最大的差異顯然在立方、塹堵、陽馬及鱉臑四棊的邏輯位置。

此外，劉徽注解《九章算術》時，不僅指正書中不合之處，更是展現其天分，正確地說明許多數學公式為何成立。而最令人驚豔及讚嘆的，則是劉徽利用「無窮分割」的方法，「證明」了圓面積公式，以及陽馬、鱉臑的體積公式，而後者則是上一段提及（見圖 4.3），劉徽用以建立體積理論的基礎。

劉徽費盡心力為當時很少人喜歡、通曉的冷門學問數學（算學），「析理以辭，解體用圖」建立理論體系，若說純粹是出自現實因素如獲得功名、博取名聲的考量，實在是叫人難以想像。事實上，從歷史上對劉徽生平的隻字未錄，我們可以大膽推測，注《九章算術》應該沒有為劉徽的生活，帶來飛黃騰達的改變或是光宗耀祖的光環。劉徽之所為，想必是如他在自序中所提到的，「闡世術之美」，即純粹為數學而數學所可獲得的喜樂，也因此，他還寫了《重差》（後來被李淳風改稱為《海島算經》）一書，附於〈勾股〉章之後。

---

❻ 參考郭書春 (2019)，《九章算術譯注》，頁 38。

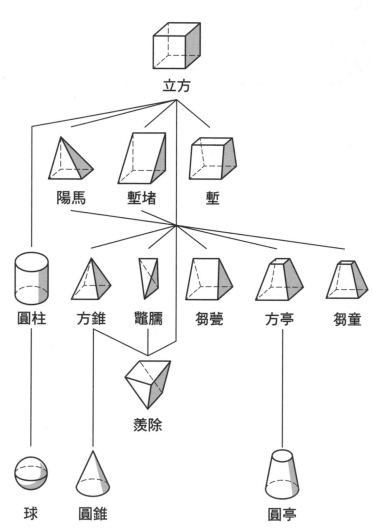

圖 4.2：《九章算術》體積公式框架

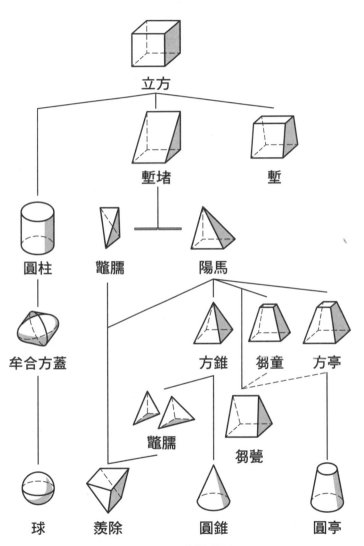

圖 4.3：劉徽體積理論系統

　　《九章算術》劉徽注，成了後世研究《九章算術》的重要依據與途徑，也刺激了後世數學的發展。不過，另一方面，劉徽研究在中算史學 (historiography of Chinese mathematics) 上，也留下一個極為獨特且重要的插曲，值得我們史家互相惕勵。在 1960 年代，劉徽注《九章算術》「圓田術」（圓面積公式）的第一段，似乎沒有贏得史家應有的注意。事實上，那是有關圓田術「半周、半徑相乘得積步」的證明。❼根據這個公式 $(S = (\frac{C}{2})(\frac{D}{2})$，其中，$C$、$D$ 分別為此圓之直徑與圓周），在注解的第二段中，劉徽以直徑二尺（亦即 $D = 2$ 尺）為例，求出圓內接正一百九十二邊形 S_{192} 面積約為 314 平方寸，因此，3.14 $= S_{192} \approx S = (\frac{C}{2})(\frac{2}{2})$ 可以推知 $C = 6.28$ 寸，從而圓周率 $\pi = \frac{C}{D} \approx 3.14$。

　　這個「迂迴」的進路，很容易逃過史家的眼球，因為他們都太熟悉另一個深具「現代性」的公式：$S = \pi r^2$，這是絕大多數人從小學習數學的共同記憶，圓面積等於 3.14 乘上半徑平方等等。運用此一公式，一旦半徑 r 取成一個單位長，那麼，前述的 S_{192} 就等於圓周率的近似值了。其實，阿基米德的進路也是先證明「圓面積＝兩股為圓周及半徑的直角三角形面積」，然後，「再據以」求圓周率之近似值：$3 + (\frac{1}{71}) < \pi < 3 + (\frac{1}{70})$。讀者不妨參考他的《圓書》(Measurement of a Circle)。弔詭的是，此一經典曾經隨著徐光啟等所編的《崇禎曆書》傳入明季中國（入清後改為《西洋新法曆書》），但似乎就是乏人問津，

---

❼　「圓田術」共有四個公式，在此引述的是第一個，第二個為「周、徑相乘，四而一」，與第一個等價。第三、四依序是「徑自相乘，三之，四而一」、「周自相乘，十二而一」，在圓周率取三（所謂「周三徑一」）時的近似公式。

甚至聯想到劉徽證明圓面積公式的可能性。❽

接下來，讓我們先介紹與劉徽差不多時期的趙爽，以及晚於劉徽的祖沖之父子。

4.7　趙爽

趙爽，字君卿，號嬰（有一說「嬰」為趙爽之另名），生平不詳，因注解中國古代重要的天文學著作《周髀算經》而留名後世。史家藉由《周髀算經》注解中引用了只有在三國時代吳國才頒行的《乾象曆》(222)，進而推斷趙爽是吳人。趙爽對《周髀算經》的貢獻，在於注解時引用了如張衡的《靈憲》、劉洪的《乾象曆》等書，並補繪了「日高圖」和「七衡圖」，忠實地闡釋《周髀算經》的內容，讓後世讀者得以了解書中如「蓋天說」的意義。另外，在數學上的貢獻，趙爽寫了一篇〈勾股圓方圖〉附於注解之中，且畫了多幅弦圖與圓方圖，「證明」了勾股定理並總結早期發展的勾股算術成果。除了〈勾股圓方圖〉外，趙爽在「日高圖」的說明中，利用「出入相補」證明了「重差術」，這是現存史料中，首次揭露重差術的內容，即利用兩次（或多次）測量來算得物體的高度或距離。劉徽的《重差》（《海島算經》）就是闡述重差術的應用。

附帶一提的，無論是劉徽的 **「解體用圖」**（雖然劉徽的圖都沒有流傳下來），還是趙爽的弦圖、圓方圖、日高圖、七衡圖（數學史家認為現存的圖並非趙爽原圖），都是利用圖形來闡述或「證明」，這在《九章算術》，甚至是更早的《數》、《筭數書》之中都沒有出現。劉徽、趙

---

❽ 參考郭書春主編，《中國科學技術史・數學卷》，頁 620。

爽的「圖」在中國數學發展上的意義，尤其是與現代圖示的對比，更是值得我們細細思量。❾

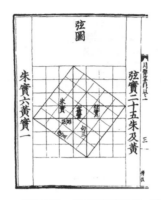

圖 4.4：趙爽注《周髀算經》的弦圖

4.8　祖沖之父子

　　到了南北朝時期，出現中國數學史上有名的祖氏父子檔。祖沖之(429–500)，字文遠，在南朝的宋、齊都當過官，最重要的成就是首先引入歲差，創立《大明曆》。祖沖之多才多藝，在機械、文學、政論方面，都有創作，數學方面亦曾注《九章算術》，著有《綴術》。祖沖之的兒子祖暅（一作祖暅之），字景爍，在梁朝當官期間，曾兩度建議修訂曆法，以其父之《大明曆》取代何承天的《元嘉曆》，後來經他修訂的《大明曆》果然得以於西元 510 年施行。後來，祖暅擔任財官將軍，負責治淮工程，不幸攔水壩被沖垮，他被拘服刑，改官大州卿。

---

❾ 數學史家林力娜 (Karine Chemla) 在這個主題的研究上，有極大的貢獻，值得參考借鏡。

西元 525 年，他在豫章王蕭琮幕府任官。由於蕭琮投奔北朝元魏，祖
暅遂被擄留置在徐州魏安豐王元延明賓館，幸被北朝天文學家信都芳
發現，後者勸元延明禮遇他，並向他問學。不過，最終他還是回到南
朝，官至南康太守。❿

　　祖沖之的算學經典名著《綴術》應當也經過兒子祖暅的修改，或
是說《綴術》是祖氏父子共同完成。《綴術》究竟是一本什麼樣的書？
《隋書‧律曆志》稱《綴術》「學官莫能深究其深奧，是故廢而不理」。
唐代算曆博士王孝通對《綴術》更有「**全錯不通**」、「**於理未盡**」的嚴
格批評。或許王孝通是因為讀不懂《綴術》而誤解，但倒也間接證實
了《綴術》是一本很深奧的算書，以致於當時代的人都不讀或鮮少讀
它。《綴術》應當是匯集了祖氏父子的數學成果，只可惜失傳，我們無
從得知內容究竟為何？王孝通的說法是不是真的錯了？

　　今日對祖氏父子數學成就認識，其一是記載於《隋書‧律曆志》
中的圓周率近似值 $\frac{355}{113}$，這被稱為「祖率」或「密率」。數學史家紀
志剛認為祖沖之是利用了相當於今日連分數的方法，將《九章算術》
劉徽注中的 $\frac{3927}{1250}$ 寫成如下（用今日的符號表示）：

$$\frac{3927}{1250} = 3 + \frac{177}{1250} = 3 + \frac{1}{\frac{1250}{177}} = 3 + \frac{1}{7 + \frac{11}{177}} = 3 + \frac{1}{7 + \frac{1}{\frac{177}{11}}}$$

$$= 3 + \frac{1}{7 + \frac{1}{16 + \frac{1}{11}}}$$

---

❿ 祖沖之傳可參考洪萬生，〈士族門第如何看待數學？〉。

其中 $3 + \cfrac{1}{7 + \cfrac{11}{177}}$ 的近似值 $3 + \cfrac{1}{7} = \cfrac{22}{7}$，與 $3 + \cfrac{1}{7 + \cfrac{1}{16 + \cfrac{1}{11}}}$ 的近似值

$3 + \cfrac{1}{7 + \cfrac{1}{16}} = \cfrac{355}{113}$，祖沖之分別稱為「約率」與「密率」。祖沖之是否

真的如上述過程求出 $\cfrac{3927}{1250}$ 的漸近分數 $\cfrac{22}{7}$ 與 $\cfrac{355}{113}$，這我們不能確定；

但可以確定的是，祖沖之是從《九章算術》的研究中得到的，甚至有

數學史家認為 $\cfrac{3927}{1250}$ 這個分數是祖沖之而非劉徽求出來的。

　　祖氏父子的第二項流傳至今的數學成果，就是提出正確的球體積公式，而這項成果是透過唐朝李淳風校注《九章算術》時，附在劉徽注之後才為後人所知。祖暅利用「夫疊棋成立積，緣冪勢既同，則積不容異」，即今日所謂的「祖暅原理」或「卡瓦列利原理」(Cavalieri's principle)，求出劉徽所提示的「牟合方蓋」體積。原來劉徽已指出球與牟合方蓋的體積比為圓周率 π 比 4，故只需求出牟合方蓋的體積，就能得到球的體積。

　　無論是密率還是球體積公式，我們都可以看到《九章算術》及劉徽注的影響。《九章算術》在東漢已是國家典籍，而劉徽注到了唐朝，也得到朝廷的認可。接下來，讓我們進入王孝通、李淳風所處的唐朝。

《算經十書》與隋唐數學：數學教育的制度化

　　若秦漢帝國的數學知識傳播主要管道之一，是仰賴官吏的培養、吏徒的訓練，那麼，到了隋唐帝國，則開始將算學人才的培養制度化。隋朝國子寺（後改稱國子監）首設算學館，編制有算學博士、助教各

二人，學生八十人。唐初，許多制度比照隋朝，算學館應該也被保留下來，但反覆廢除、復置。有一說是唐高祖廢了算學館，西元 628 年（太宗貞觀二年）復置；此後算學館不知在何時被廢除了，到了西元 656 年（高宗顯慶元年）再恢復，但兩年後又再廢；四年後，高宗大改官名，復算學，隔年把算學改隸於祕書閣局（原太史局）；西元 670 年（咸亨元年），高宗再把大改的官名恢復舊制，算學館很有可能在這一年歸隸國子監。之後算學館的命運如何並不清楚，但到了唐中葉，仍有國子監西監、東監算學生員額分別為十人、二人的記載（西元 807 年，憲宗元和二年）。

　　由上述算學館的更迭，可以看出唐朝雖有算學館的設置，但重要性及地位遠不及於儒學的國子學、太學與四門學，這或可解釋何以算學博士二人的官階是最低的從九品，助教一人更是沒有官階。倒是算學教材值得我們注意。西元 656 年，太史令李淳風、算學博士梁述與太學助教王真儒完成奉敕編纂、注釋的十本算書，李淳風以「算經」尊稱之，為《算經十書》（今日所稱的《算經十書》是指北宋的十本算書，與唐代略有不同），書成後即成為國子監算學館的教材。教材有了，修習的年限也規定得清清楚楚。有一組學員是修習《孫子算經》與《五曹算經》共一年、《九章算術》與《海島算經》共三年、《張丘建算經》、《夏侯陽算經》各一年、《周髀算經》與《五經算術》共一年，共七年。另一組學員則是修習《綴術》四年、《緝古算經》三年，合計也是七年。另外還有兩本書《記遺》（或為《數術記遺》）與《三等數》（已失傳）沒規定年限，但都要兼習之。

　　學成後，可參加唐代科舉制度中的「明算科」，考試形式則為「貼經法」和「問答法」，前者是經文背誦的填空題，後者則要回答經文大意，「明數造術，詳明術理，無注者合數造術，不失義理，然後為

通。」考取後，任職官等是最低一層的從九品。事實上，有史家從唐代中央機關九寺五監的官屬、部門種類、職責分工中，羅列出他們所需要的數學或科學知識類別，指出中央政府機關中，的確是需要許多理解算學之基層官吏。此外，從算學館以及明算科的科目來看，內算與外算都包括在內（內算、外算請見本章第 4.1 節）！

　　至於地方政府，當然也是需要知算之人，才能維持相關行政的運作。唐末高彥休（生卒年不詳）在《唐闕史・楊尚書補吏》中，有一段文字描述青州楊尚書利用算學能力提拔官吏的過程。兩位候選吏員在各方面條件都不相上下，楊尚書對他們說：「為吏之最，孰先於書、算耶？」然後出了一道算題，要兩位候選人在臺階上用算籌解之，先解出者勝出。題目是：

　　有夕遁於叢林間者，聆群跖評竊賄之數，且曰：「人六匹則長五匹，人七匹則短八匹，不知幾人復幾匹？」

亦即：一群盜賊要分贓，一人六匹會剩下五匹，一人七匹則不足八匹，由此求盜賊人數及贓物數量。測驗結果，一人勝出，獲得提拔。此題顯然用了「贏不足術」，從秦簡《數》、漢簡《筭數書》到《九章算術》中，都有「贏不足術」，《九章算術》中還獨占一章（即其卷七，稱之為「盈不足術」）。雖然《唐闕史》屬於筆記小說類型，並非正史，但正因少了正史的束縛，藉由算學才能選拔地方小吏這種入不了正史的「芝麻小事」，才會成為筆記小說收錄的故事。雖然書中記載的故事，並非全是真實，但也足以反映出唐代州縣基層官吏，仍需具備基礎的算學能力。而算學能力培養的教材依據，想必就是官定《算經十書》了。

　　唐代雖然頒布《算經十書》、設立算學館、透過明算科選拔人才，但背後最主要的動機，是為唐帝國培養、選拔需要算學才能的基層官吏，並非著眼於發展算學。已有多位史家對算學館的教學成效提出質疑，再從明算科的考試方式來看，要藉由算學當官，對算經的了解，其實不需要到劉徽、祖氏父子算學素養那樣的層級，是否能夠熟背算經、解決實際應用問題，應當才是選拔、考核的重點。《綴術》不僅隋朝的學官無法理解，唐初算曆博士王孝通也為之束手。王孝通《緝古算經》一書也被收入《算經十書》之中，書中有些頗為艱澀高次勾股問題，頗能反映作者的算學能力。可以推知，連王孝通都不懂且大肆批評的《綴術》，只求當基層官吏的算學生，又有多少人能理解或願意深入鑽研呢？南宋秦九韶曾批評官府管理財貨出納的小吏，只略識加減計算而已，而且

　　算家位置，素所不識，上之人亦委而聽焉。持算者惟若人，
　　則鄙之也宜矣！

秦九韶認為這些吏員連算家的算籌布置都無法操作，但上面的官員仍然還聽他們的，更諷刺地說如果知算、用算者就只有這些人，那麼，算學受到鄙視也是「剛好」而已！雖然秦九韶嚴詞批判的是南宋的吏員，但也提醒我們，對於唐朝吏員甚至是算學館師生、明算科提榜者的數學素養，就不要樂觀高估了！

　　總而言之，唐朝在算學上雖有一些創新的制度，但對真正的算學發展，並沒有實質的突破。不過，相較於兩漢，唐朝在算學知識的保存與傳播上，倒是更勝一籌，為後來的宋元算學高峰發展蓄積資產。最後，唐朝在數學發展上的突出點，尚有一行禪師（俗家名張遂）《大

衍曆》中相當於今日的正切函數值表與不等間距的二次內插法，然而，這是出自曆法改革的需求，一行禪師更非明算科出身，不是本節討論的主題，有興趣的讀者請自行參閱相關書籍。

最後，我們也要附帶提及一個現象，那就是：《算經十書》有三本──《孫子算經》、《張丘建算經》，以及《夏侯陽算經》，都以「人名」來題銜，然而，我們現在都無從得知他們究竟是何方神聖。其中，《孫子算經》的內容最為獨特，值得我們在此稍作說明。

該書大約是第四世紀作品，正如前述，作者孫子是誰？我們完全無從得知。只知道他在序文中，大力宣揚數學如何地包山包海，與「天地」、「群生」、「五常」、「四時」、「萬物」，乃至「六藝」具有密切關係，尤其，「算」在這些關係中，都是居於關鍵位置如經緯、元首、本末、父母、建號、表裡、準平、終始、祖宗及綱紀。此外，他還指出習算何以重要：❶

> 嚮之者富有餘，背之者貧且窶。心開者幼沖即悟，意閉者皓首而難精。夫欲學之者，必務量能揆己，志在所專。如是則焉有不成者哉。

此外，本書還是現存中國古代最早說明如何布籌、運籌的文本，同時，也是「方五邪七」等記頌口訣的源頭。還有，其下卷收入如下三題，頗富興味：

---

❶ 參考林炎全，〈數學為何重要？──從《孫子算經》序談起〉，《HPM 通訊》第四卷第七期，2001 年。

- 今有百鹿入城，家取一鹿，不盡；又三家共一鹿，適盡。
  問城中家幾何？
- 今有雞、兔同籠，上有三十五頭，下九十一足。問雞、兔
  各幾何？
- 今有孕婦行年二十九，難九月，未知所生？

上引第二題也就是我們現代所稱呼的「雞兔同籠」問題，可見這一類
問題在古中國問世甚早。有關第三題「孕推男女」，我們將在下一節
（第 4.10 節）與「內算」連結討論。

　　不過，《孫子算經》下卷「術曰」（算法）最難、也是影響後世最
深遠的問題，莫過於下列這個所謂的「物不知數題」（或俗稱「韓信點
兵」，見圖 4.5），因為這是所謂的 「中國剩餘定理」 (Chinese
Remainder Theorem) 之濫觴：

　　今有物，不知其數。三、三數之，賸二；五、五數之，賸三；
　　七、七數之，賸二。問物幾何？

　　答曰：二十三。

　　術曰：三、三數之，賸二，置一百四十；五、五數之，賸三，
　　置六十三；七、七數之，賸二，置三十。并之，得二百二十
　　三。以二百一十減之，即得。凡三、三數之，賸一，置七十；
　　五、五數之，賸一，置二十一；七、七數之，賸一，置十五。
　　一百六以上，以一百五減之，即得。

圖 4.5：「物不知數題」書影

上述這個解法具有一般性，這是從「特例」可以透徹「通則」(seeing
the general in the particular) 的絕佳案例之一，[12]非常值得我們仿效。我
們將在《數之軌跡 II：數學的交流與轉化》第 3.5 節中，將此一解法
對比義大利斐波那契的「占卜」，相信一定可以掌握更多的認知意義及
歷史趣味。[13]

　　此外，《張丘建算經》在第五世紀中葉問世，現傳本還包括有隋代
算學博士劉孝孫之細草。作者張丘建自序說：「夫學算者不患乘除之為
難，而患通分之為難。是以序列諸分之本元，宣明約通之要法……余
為後生好學有無由以至者，故舉其大槩而為之。法不復煩重，庶其易
曉云耳。」可見約分術及通分術是該書主題，因此，該書應該是為初
學者而編寫。不過，該書卷中也收入十分有趣的「百雞術」題：

⑫ 參考洪萬生，〈中算史中的「張本例」(generic examples)〉。

⑬ 參考楊瓊茹，〈求一與占卜〉。

今有雞翁一直錢五；雞母一直錢三；雞雛三直錢一。凡百錢買雞百隻。問雞翁、母、雛各幾何？

（請注意：上引文的「直」＝「值」。）如設 x、y、z 分別代表雞翁、雞母、雞雛各買之數，則依據題意，可得下列聯立方程：

$$\begin{cases} x + y + z = 100 \\ 5x + 3y + \dfrac{1}{3}z = 100 \end{cases}$$

《張丘建算經》所列三組答案完全正確，不過，它的「術曰」及「草曰」儘管曾有多家解說，但我們都無從遵循而掌握其解法是否有效。直到 1820 年，中國清代數學家駱騰鳳「借助」西算，才提出完整系統的解法。[14]

4.10　哪些人是「說算者」？哪些人是「談天者」？

本章最後一節，則要點出一個「身分」的問題，就是哪些人是中國古代的數學家或算學家？或者，中國古代有「數學家」或「算學家」嗎？在回答這問題前，讓我們先看看劉徽、趙爽、祖沖之、秦九韶使用了什麼樣的稱謂。這個問題所以有意義，主要正如社會學家高承恕所指出：「日常用語的使用往往反映出社會的生活經驗以及它的基本分類架構。」

---

⑭ 參考洪萬生，〈求一術的出路：同餘理論有何教學價值與意義？〉。也參考陳鳳珠，《清代算學家駱騰鳳及其算學研究》。

劉徽在注《九章算術》的序言中，稱北平侯張蒼、大司農中丞耿壽昌以「善算命世」，只說了官銜與善於算，沒有關於數學身分地位的稱謂。但在〈商功〉章注解「方亭」體積時，正如前述（第 4.5 節），劉徽提到：

蓋說算者乃立棋三品，以效高深之積。

另外，趙爽在〈周髀算經序〉中說：

使談天者無所取則，輒依經為圖，誠冀頹毀重仞之牆，披露堂室之奧。

劉徽、趙爽分別提及的「說算者」、「談天者」，似乎前者重於外算，後者則攻於內算。祖沖之在〈大明曆議〉中指出前人的失誤：

至若立圓舊誤，張衡述而弗改，漢時斛銘，劉歆詭謬其數，此則算氏之劇疵也。《乾象》之弦望定數，《景初》之交度周日，匪謂測候不精，遂乃乘除翻謬，斯又曆家之甚失也。

祖沖之的「算氏」、「曆家」顯然又分指善算、善曆之人。到了南宋的秦九韶，〈數書九章序〉則批評：

惟治曆疇人，能為乘除，而弗通於開方、衍變。若官府會事，則府史一二繫之。算家位置，素所不識，上之人亦委而聽焉。持算者惟若人，則鄙之也宜矣！

此處的「算家」地位、專業明顯高於「持算者」，而「治曆疇人」，祖沖之稱為「曆家」，對比之下，秦九韶用「疇人」似乎有貶低之意。「疇人」出自司馬遷《史記》：「幽厲之後，周室微，陪臣執政，史不記時，君不告朔，故疇人子弟分散。」這裡的「疇人」指的就是官方掌管天文曆算之人，「疇」的意思是家業世代相傳，故可以知道先秦時期，官方的天文曆算知識，是一種世代相傳的家業。後來，會用「疇人」一詞泛指懂天文曆算知識之人。無論是「說算者」、「談天者」、「算氏」、「曆家」、「算家」、「持算者」還是「疇人」，在以儒家思想為主導的社會中，地位都不高，王孝通的「算曆博士」官銜稱謂，相較於《隋書》稱「自劉歆、張衡、劉徽、王蕃、皮延宗之徒」，已稱得上「顯赫」了！

由上觀之，中國古代數學的內、外算分野，反映在稱謂上，也有所區別。然而，這種區分並非一刀兩斷、彼此互斥的。比方說吧，趙爽注《周髀算經》，理應歸於「談天」，但他在注解中所寫的〈勾股圓方圖〉，顯然又是在「說算」。再者，《周髀算經》這本「談天」的著作，卻被冠以「算經」之名，恰恰說明「談天」、「說算」，一體兩面。王孝通的「算曆博士」官銜，則是另外一個「說算」又「談天」的例子。

數學史家史特朵在其《數學史極短篇》的第二章中，提出兩個相當激進的 (radical) 問題：

- 什麼是數學？(What is mathematics?)
- 誰是數學家？(Who is a mathematician?)

關於前者的回答，史特朵對照中國古代與第六到十六世紀歐洲歷史之後指出，在這兩者之中，我們沒辦法「便宜行事地」把哪一個單一知識體系稱為數學，但可以確認有許多與數學有關的學科與活動，而這些學科與活動，總是關於時間和場所。至於針對後一問題，她的回答就更直接了：今日所謂的「數學家」(mathematician)，是現代歐洲發明的概念！照今日的標準，畢達哥拉斯、丟番圖、費馬 (Pierre de Fermat, 1601–1665)，都不是「**數學家**」！當我們回看歷史時，「數學知識活動參與者」會是比較貼切的一般性用詞。

　　至於在中國古代，無論是西漢司馬遷的六家之說，還是東漢班固的九流十家，都從未包含數學「家」或算學「家」，因此，當我們用數學家或算學家來指稱無論是劉徽等人，還是知算官吏，其實並不恰當，「數學知識活動參與者」仍是比較貼切的一般性稱謂。但鑑於數學家或算學家一詞，已是習以為常的用法，本書不欲特意改變，增加讀者閱讀上的負擔，但仍要提醒讀者，無論是數學家或算學家，指的都是「數學知識活動參與者」中，有數學相關研究、成果、著述的一群人。

　　在本章結束之前，我們仍要不厭其煩地提醒讀者，中國古代的數學，雖依作用的對象可分為內算與外算，但兩者「其用相通，不可歧二」。前幾節的介紹，雖然側重在外算的領域，但無論是算書的內容還是算學制度，都沒有排除內算。比方說，《周髀算經》雖是屬於今日天文學的範疇，但趙爽的注解中，卻充滿了數學內容。又比方說，唐代算學館科目中的《記遺》（或為《數術記遺》），很可能就是與數術相關的內容，或者《孫子算經》中的「孕推男女」，利用孕婦的年齡與「難月」（懷孕月份，按陰曆計算）來推斷胎兒性別，這顯然非今日數學或者外算的範疇。如同在本章首節所言，內算的部分，另有專門的研究，本書不深入討論。

　　從秦簡《數》到唐代《算經十書》，可以看出中國古代數學和上一章（第 3 章）的希臘數學有著截然不同的發展風貌。將中國古代數學與希臘數學拿來比較，一定可以對照出許多有意義的面向，而這將是本書下一章（第 5 章）的主題。

NOTE

第 5 章
數學文明：中國 vs. 希臘

5 數學文明：中國 vs. 希臘

在一般的數學史論述中，有關古希臘數學的定位，不外乎下列評價：希臘哲學家／數學家將數學抽象化，並強調它是一門具有嚴格演繹論證的科學。相反地，古代中國則著重於因應當時社會生活的實際需要而發展，換言之，它是以實用為基調的一種知識或技能。不過，在時間長河的醞釀下，以及各自不同社會文化脈絡的交織下，數學發展是否真是如此清晰地一分為二，在在都有著質疑的空間。

我們不妨從時間與文化兩個面向，檢視這兩個數學文明的風貌。也許能看見我們習焉不察的真知灼見，或是再次引領我們欣賞數學更多元的面貌。

為此，我們將在本章針對孔子與柏拉圖及其對比、墨子與亞里斯多德及其對比，進行簡要的說明。從數學史學方法論來看，有關這四個人的選擇，主要是因為他們被認為與形塑東西各自數學文明息息相關。同時，他們如何「看待」數學知識，也成為我們人類共有的文化資產。我們經由這兩大文明及其數學的「起碼」認識，而得以多少體會東西文明各自的數學風格。這種對比的確是現代公民才有的福分，值得我們珍惜。

 5.1 孔子與柏拉圖

在下文中，我們將依序說明孔子、柏拉圖及其數學思想。儘管讀者可能相當熟悉孔子其人其事，不過，此處我們將聚焦在他如何處理

「學習」的議題。這或許是一般人將《論語》當作一種文化教材來研讀時，比較容易忽視的一個面向。

另一方面，我們也將介紹柏拉圖的（數學）哲學思想。儘管我們在第 3.3.2 節已經略有說明，不過，由於我們意在將他對比孔子，因此，他的德行之學也是我們力圖著墨的主題。

5.1.1 「學以為己」的孔子

孔子（約西元前 551–前 479），名丘，字仲尼，後代敬稱孔子。他生於魯國陬邑，是東周春秋末期魯國的教育家與思想家，曾在魯國擔任官府要職，是儒家思想的創始者。所謂的「儒」，《說文解字》：「儒，術士之稱」。《禮記・鄉飲酒・義注》指出：「術，亦猶藝也」。所以，能以友教貴胄者，稱為藝士、術士或儒，也是後來儒家之起源。將儒家從「術」轉向「學」，的確是孔子的偉大貢獻。他所建立的德行之學，當然是箇中關鍵。

不過，孔子究竟是否學過或通曉數學？答案絕對是肯定的。孔子曾自謙「吾年少也賤，故多能鄙事」，這些鄙事包括「委史」與「乘田」等吏員職務，❶前者「主倉積出納」，管理倉庫出納，後者「主飼養牛羊」，管理貴族莊園。❷事實上，包含算學在內的六藝，在當時就為那些尚未顯達的先秦學者，提供了基本的謀生技能。史家錢穆說：「藝士不僅可以任友教，知書數可為家宰，知禮樂可為小相，習射御

---

❶ 針對孔子的委吏經歷，孟子也曾註解：「孔子嘗為委吏矣，曰：會計當而已矣。」（《孟子・萬章・章句下》）

❷ 先秦思想家莊子也曾擔任「漆園吏」，為貴族管理漆園。又，漢簡《算數書》第 26 題涉及生漆之管理，參考洪萬生等，《數之起源》，頁 248。

可為將士，亦士進身之途轍」，的確很有道理。

　　根據哲學家勞思光的說明，孔子的儒學思想是依「仁、義、禮」這一條主軸所建立。「禮」的本義是生活秩序。但是，一切秩序的具體內容可依「理」或「正當性」而予以改變。這一個理或正當性就是孔子所說的「義」。這便是「禮」的基礎。

　　理論上來說，吾人若從私念則求「利」，從「公心」則求「義」。「仁」者既能「己立立人，己達達人」，當然就能視人如己而立公心。由此可見，「仁」是「義」的根本，至於「義」則是「仁」的顯現，而其理論進路，則完全在於個人的價值自覺或意志本身的純化。

　　不過，仁字看似簡單，卻難以闡明。首先，我們要特別強調孔子對「仁」字的曖昧態度。他說：「子罕言利，與命，與仁」，❸可知「仁」字之所以難以闡明，那是因為「利」字易解，但孔子卻將「命」與「仁」相提並論，就值得深思了。顯然孔子想要傳達的思想是：人在這個看似無法捉摸的命運所主宰的世界裡，應該要為自己的行為負責，唯有理解哪些事物是吾人可以控制，哪些是由命運掌管，「仁」與「命」這兩個概念才有意義，從而在這樣的準則下，吾人才能賦予「利」的意義。

　　換句話說，「利」所涉及的「正當性」取決於個人的價值自覺，不必依賴「天道」，也不必傍附「自然」。而「公心」境界純是不假外求、不受約制的自覺境界，所以，孔子把人生的最高指導原則放在社會生活的核心裡。他希望社會成員的和諧活動，可以促使吾人在變幻無常的命運中，有秩序地過日子。然而，吾人又該透過何種方式來實踐？根據上文的分析，孔子認為唯有透過「禮」，才能實踐「仁」。於是，

---

❸ 引《論語・子罕第一》。

當顏回「問仁」時，他的回答是：「克己復禮為仁」。[4]這表示吾人必須嚴格要求自己的行為合乎禮的要求，才能達到仁的境界，從而這也才能建構和諧社會的基礎。

現在，我們將話題轉向孔子的德行之學與知識論 (epistemology) 之關係，以便我們可以進一步檢視他的德行之學如何與算學及其學習連結。

根據我們上述的簡要說明（主要參考勞思光的《中國哲學史》），如果自我認知是以知覺理解及推理活動為內容，那麼，我們就可以推斷孔子並不重視知識的獨立意義，而且，就知與成德的關係來說，他也不認為「知」能決定「成德」。譬如說吧，「子曰：知及之，仁不能守之；雖得之，必失之。」可見，認知不及意志本身之純化（守住「仁」）來得重要。事實上，「知」或智慧的功用，僅在於輔助進德而已，請徵之於下引對話：

> 樊遲問仁。子曰：愛人。問知，子曰：知人。樊遲未達。子曰：舉直錯諸枉，能使枉者直。

顯然，對孔子來說，「知」的意義僅在於「知人」，而「知人」的目的又仍是落在導人歸正上面，即所謂「能使枉者直」。因此，知（智慧）的作用只依存於德行而成立，其理至明。

有了這樣的「道德」前提，孔子論「學」時當然完全以「進德」為主：

---

[4] 引《論語・顏淵第一》。

　　哀公問弟子孰為好學。孔子對曰：有顏回者好學，不遷怒、
　　不貳過。不幸短命死矣。今也則亡。未聞好學者也。

「好學」等同於（弟子顏回的）「不遷怒、不貳過」，完全與知識無關，
而是關乎如何進德一事。尤有進者，孔子立教的態度也與傳授知識者
或尋求規律者不同，亦即，在他與門人的問答中，極少有客觀的論證：

　　子路問：聞斯行諸？子曰：有父兄在，如之何其斯行之？冉
　　有問：聞斯行諸？子曰：聞斯行之。公西華曰：由也問聞斯
　　行諸，子曰有父兄在；求也問聞斯行諸，子曰：聞斯行之。
　　赤也惑，敢問。子曰：求也退，故進之；由也兼之，故退之。

　　在上述這一段引文中，孔子從未針對「聞斯行諸」這一問題提出
普適的「客觀」答覆，而是企圖在答覆中，糾正問者（徒弟）原有的
「為人處事」之缺點。所以，正如勞思光的評論：

　　從此種施教態度，擴充一步，即顯出孔子對一切理論學說所
　　持之態度。蓋人之為學，目的既只在於提高價值自覺，培養
　　意志，則理論學說皆只是附屬條件。人倘能進德，亦不必需
　　要一定理論或學說。至於論證之嚴格性等等，則更屬題外。
　　於是，孔子既不重視思辨，亦未肯定理論知識之客觀意義。
　　此點日後亦成為儒學傳統中一大問題。

　　儘管如此，孔子學習以求進德的主張，還是值得高度肯定。他認
為真正的學習，是一種深切而又不斷自省的關懷，而且，學習過程必

定能帶來內在喜悅，甚至永恆鞭策自我學習，以達到真知的境界。我們也可以說，孔子的思想是從自身修為開始，進而尋求整個社會的和諧之道。而這也正是中國傳統教育中「德」的最高表現。史家李弘祺指出：這種「謙虛謹慎，遵守道德的準則和權威」的精神，就是中國傳統的教育思想典範。

5.1.2　「止於至善」的柏拉圖

柏拉圖出身於一個優渥的貴族家庭，是蘇格拉底 (Socrates) 的學生，也是希臘三哲之一。[5]他的《理想國》大約在西元前 390 年寫成，它以蘇格拉底為主角，採用對話的形式，論述正義、秩序和正義的人及城邦所扮演的角色。所以，與其說是柏拉圖傳承了其師的哲學思想，不如說他更想彰顯自己思想中「真、善、美」的國家理念。

柏拉圖認為任何一種哲學要能具有普遍性，要能放諸四海皆準，所以，他想闡述與掌握的，是有關人和自然（或宇宙）永恆不變的真理。而這樣的真理不是存在於有形的實體上，而是要透過無形的思考才能獲得。就像他在《理想國》中，以洞穴比喻真理必須自省，而非眼見為實，描述的是一群手腳被捆綁的囚犯，在洞中所見事物的影子，以為是這世界實體的樣貌，所以，吾人必須要掙脫枷鎖，走出洞外，才能看見真正的光所照耀下的事物。柏拉圖隱喻這外面世界的實體，才是要追求的真理。

但柏拉圖與孔子大大不同，他認為追求真理的過程，與數學的學習息息相關，他曾說：

---

[5] 希臘三哲：蘇格拉底、柏拉圖、亞里斯多德。

我們所追求的這種知識只有兩項用途，一種是軍事上的，另
一種是哲學上的；因打仗的必須研究數目的技巧，否則他便
無法整頓其隊伍。哲學家們也是如此，他們需要在浩瀚多變
(becoming) 的知識領域中，尋出真理並緊握他們，所以，他
必須同時是位數學家 (arithmetician)……❻領袖們必須為軍事
用途和自己的靈魂研讀數學；同時，也由於這是使他們能辨
別真理 (truth) 和存有 (being) 的捷徑……。

（柏拉圖，《理想國》）

至於有關數學知識的具體學習方法，則基於《米諾篇》所闡述的「吾
人生而有知」之設定，柏拉圖認為有關物件或客體 (object/entity) 知識
來自下列三個步驟：名稱、定義，以及形成意象。請參看他的說法：

取一個單例，並學習它應用到所有的例子上。有一個叫做圓
的客體，它具備了剛剛提到的名稱。其次，它具備了一個由
名詞和動詞組成的「定義」，因為末端（即指圓周）到中心點
等距的東西，將是擁有 "round"、"spherical"、"circle" 等名
稱的那個客體。第三，是有那樣的客體描繪和塗銷，或用懸
盤塑成，或腐朽，但所有這些（藝匠的）寄情，都不會為圓
本身所苦惱。圓是跟它們有所不同的，儘管彼此確有關聯存

---

❻ Arithmetician 直譯為「算術學家」，源自 arithmetic。這是古雅典四學科之一，本義與
今之 「數論」 (number theory) 相符。 在 1850 年代左右，英語世界所謂的 practical
arithmetic 就是指現代的（小學）算術。至於 theoretical arithmetic 則指數論。另一方
面 ， 英文版本的 「數學家」 (mathematician) 一詞在西方出現甚遲， 請參考本書第
4.10 節。

在。第四，知識出現了，它是涉及那些客體——它們必然會
被認為是形成單一整體的理解力和真實意見。由於這些並不
存在於口頭的表達或實質的形式，而只存在於靈魂之中，它
顯然有別於圓的特性，而且也跟前述三項有所不同。

（柏拉圖，《書簡集》）

此外，柏拉圖也在他的《律法》(Laws) 中，提出了研究「無理
數」的政治理由，[7]那是為了讓公眾保持對社會秩序的虔誠，他認為
唯有天體的和諧運行，才能讓社會不致脫序，而天體運行的知識則涉
及了無理數的概念。還有，他也認為無理數之於數學，就好比他的真
知來自於另一個真實世界（或理想世界，ideal world），而且，我們不
能僅以有限的數字理解「無盡」的無理數，當然也無法以有限的知覺
去了解無限的知識。唯有透過理性的思考，藉由內在的不斷提升，才
能讓靈魂「看」到真知的世界而達到真善。

從上述有關柏拉圖哲學的簡要說明可知，他的論述就近取譬都以
數學知識為主。[8]這或許也解釋了何以他的學院門口「被認為」懸掛
了「不懂幾何者，請勿入內」之牌子。這個我們今日無法證實的插曲，
其實意在強調：學習數學以作為學習哲學之準備，因為「數學可以使

---

[7] 「無理數」是現代數學的概念，在柏拉圖的時代，它的名稱是指兩個幾何量
(magnitude) 之間的「不可公度量比」(incommensurable ratio)。一旦這兩個幾何量分
別是正方形的一邊及其對角線，那麼，它們的比就會等於現代的 $\frac{1}{\sqrt{2}}$，它所對應的
古希臘數學意義就是：這兩個幾何量沒有公度量單位可以同時量盡。參考第 3.1.2
節。

[8] 其實，亞里斯多德在說明推論形式時，也多以數學命題 (mathematical proposition) 為
演示例 (demonstrative example)，詳後文說明。

得哲學家們的思維能跳脫不完美的物質世界，進而洞見理想世界裡諸如平等、善和美等抽象事物的本質」。❾任何人要不是深諳柏拉圖的數學哲學理念，這種故事恐怕是編撰不出來的。有時候，傳說故事也會帶給我們十分深刻的啟發。這是廣泛閱讀的附帶「紅利」之一。

　　希臘數學史上涉及柏拉圖的傳說，還有倍立方體 (Doubling the Cube) 的尺規作圖問題——三大作圖難題之一。❿相傳迪洛斯 (Delos) 瘟疫橫行，村民求神問卜，神諭指示原先正立方體的神龕太小，必須另造一個體積兩倍大的酬神，如此疫情方可緩解。村民找來木匠求作一個新的神龕，但總是無法如願。於是，村民乃向柏拉圖求教，柏拉圖門下雖有傑出數學家如泰阿泰德斯等人，不過，還是無從求解。或許出於無奈吧，柏拉圖只好告誡村民說：這是上天對於你們忽視數學的一種懲罰，只要你們幡然改悟，瘟疫自然就會消失。正因為如此，這個倍立方體作圖題也稱做「迪洛斯問題」(Delian problem)。

　　柏拉圖的數學哲學還有一個涉及歐幾里得的「美麗」傳說。這兩位大師的關係我們目前還無法確定。一般的猜測如下：歐幾里得可能是柏拉圖的徒弟或是再傳的徒弟。這些傳言都讓下列「猜測」(speculation) 增加了可信度。這是有關歐幾里得《幾何原本》第 XIII 冊的故事。由於這一冊（也是全書的最後一冊）主要證明：只有五種正（凸）多面體存在，這五種依序如下：正四面體、正六面體、正八面體、正十二面體，以及正二十面體，通稱為柏拉圖多面體 (Platonic

---

❾　引奔特、瓊斯、貝迪恩特，《數學起源》，頁 165。

❿　另兩個作圖難題是：「任意角三等分」及「化圓為方」。這三個難題在十九世紀由於伽羅瓦理論之建立及 π 是超越數之證明，而被歸結為尺規作圖不可能。也參考第 3.2 節。

solids)。為此，歐幾里得可以說是使出了「渾身解數」，讓我們見識到全書四百多個命題的最後威力。

　　有些數學史家認為這第 XIII 冊是歐幾里得的錦上添花之作，其動機正如我們在第 1.2 節所指出，他是在向「祖師爺」柏拉圖「交心」，因為，正如後文將要略作說明，《幾何原本》的內容與形式，大都遵循亞里斯多德有關演繹科學 (deductive science) 結構之規範。不過，更貼心之舉，說不定也與《蒂邁歐篇》有關。這部經典所以馳名於世，恐怕也與拉斐爾的名畫《雅典學院》的「拉抬」息息相關，因為畫作中柏拉圖左手就持握著《蒂邁歐篇》（參看第 1 章圖 1.1）。

　　在《蒂邁歐篇》中，柏拉圖主張超自然存在的造物主不僅是理性的工匠，而且也是一位數學家，因為他按照幾何原理構造了宇宙。基於此一主張，要想探索宇宙的奧祕，就必須掌握其中底蘊的數學原理。此外，他接受恩培多克勒 (Empedocles) 有關宇宙生成的四根或四元素——土 (earth)、水 (water)、氣 (air)、火 (fire) 主張。但由於他受畢達哥拉斯的影響，而將它們還原為更基本的東西——三角形。因此，他系統闡述了一個所謂的「幾何原子論」(geometric atomism)。

　　柏拉圖將五元素 （前述四種再加上 *aether* 「以太」） 連結了五種（柏拉圖）正多面體的圖形：火與正四面體 （最小、最銳利和最易變動）；氣與正八面體；水與正二十面體；土與最穩定的正立方體 （有六面）；他還連結了整個宇宙與正十二面體 （最接近球體的正多面體）。由於這五種正多面體存在，因此，古希臘宇宙論的五種元素 （土、水、氣、火、以太） 有了最自然的「數學歸宿」。

　　總之，柏拉圖系統化了畢氏學派「萬物皆數」的主張。此外，他的造物主更是一位超級數學家或幾何學家，❶因此，造物主將宇宙幾何化了。基於此一假設，自然哲學家／科學家研究大自然時，首要任

務當然就是揭示其中的數學模式，譬如，伽利略就以數學公式 $v = gt$ 來描述自由落體「如何」落下，而暫時擱置它「為何」落下的目的論 (teleology) 議題。[12]這或許可以解釋何以伽利略 (Galileo Galilei, 1564–1642) 在他的近代科學 (modern science) 經典 《關於兩門新科學對話錄》(1638) 之中，不斷地指出他在參考阿基米德的進路之外，如何地以柏拉圖為師。

5.1.3 孔子 vs. 柏拉圖

　　孔子與柏拉圖如何比較？這是比較文化史的課題之一，也是我們試圖比較中國與希臘數學風格時，首先必須面對的問題。我們考慮此一問題時，基於古希臘數學以柏拉圖為參照 (reference)，那麼，古中國數學文化的刻畫基準或許可以選擇孔子，這是因為眾所周知，儒家對於古代中國文化之形塑，發揮了巨大的影響力。不過，正如我們在第 5.1.1 節所述，孔子從來不重視知識的獨立意義，從而對於語詞概念的精確化，當然也從未關心。在本節中，我們僅就這兩個面向來比較孔子 vs. 柏拉圖，應該就足以體會中國希臘數學發展風格之差異。

　　首先，相對於孔子「仁」之因人而異，柏拉圖堅持釐清「何謂德行」之問題。譬如說吧，在《米諾篇》中，一開始米諾就向柏拉圖請教德行 (virtue) 可以教嗎？在這部對話錄中，代表柏拉圖發言的蘇格拉底回答說：若吾人連「德行是什麼」都不知道，又如何可以教呢？

　　於是，米諾被要求先說出他所謂的「德行」：男人管理城邦事務、

⓫ 參考李維歐，《上帝是數學家？》。

⓬ 譬如，重物往地心方向落下的目的，是它要回家，因為它的家在地心。這就是一種目的論的說明。

女人掌管家務與相夫教子、不同的人有其特有的不同德行。這種依據外在行為或者相對主義的判準之德行「定義」，當然不被蘇格拉底或柏拉圖所接受，蘇格拉底甚至揶揄米諾說：我只要一個德行，你卻給了我許多德行。蘇格拉底所以拒絕這三種說法，「不僅是因為它們都無法對德行有一本質及普遍的說明，即一個關於德行的定義適用於各個不同德行，還有一個更重要的理由，德行既不是外在行為也不是出於約定俗成。」哲學家徐學庸認為：「蘇格拉底對德行的看法，以道德心理學為基礎。換言之，德行是指一個人的靈魂的好狀態，追求德行即是照顧自己的靈魂。」至於相關的「靈魂不朽」（因此「吾人生而有知」）以及「學習即回憶」的主張，柏拉圖都運用數學論證進行演示，充分印證數學在他的認識論中所扮演的角色。

　　另一方面，在第 5.1.2 節中，我們也提及柏拉圖有關建立語詞概念的三步驟：名稱 (naming)、定義，以及形成意象 (image)。這個進路在「祖述」孔子的荀子（約西元前 316–前 237）「正名」原則的映照下，變得十分鮮明：

> 名無固宜，約之以命。約定俗成謂之宜，異於約者謂之不宜。
> 名無固實，約之以命實。約定俗成，謂之實名。
> （《荀子・正名篇》）

顯然，這種約定俗成的「命名」方式，或許就是中國先秦思想家認識客觀存有世界的主要指導原則。事實上，在中國漢代數學經典《九章算術》中，此一命名「原則」處處可見，後文將會簡要討論。

5.2　墨子與亞里斯多德

　　荀子並未深入討論如何「正名」比較恰當。在先秦思想家中，墨子對於數學概念的界說乃至於推論形式之探索，被認為投入了相當的功夫，從而可能影響了後世魏晉像劉徽這樣的傑出數學家。因此，我們在此打算將墨子與亞里斯多德對比，希望在方法論 (methodology) 層面上，考察中國與希臘（也是西方世界）數學的各自特色。

5.2.1　「學以為用」的墨子

　　中國春秋戰國的先秦正是諸子百家學說大鳴大放之時期，自然也創造了各種新思想和新知識，從而奠定了中國思想和文化發展的基礎。可惜，先秦數學的（直接）文本相傳甚少，與數學相關的思想家更是少之又少，因此，我們現在很難略窺先秦數學的風貌。幸運的是，在傳世的非數學類文獻中，《墨子》關於數學的內容，特別是幾何學的知識，就值得我們參考。

　　《墨子》作者即是墨翟（西元前 480–前 350），通稱為墨子。他是春秋末戰國初期著名思想家、政治家及軍事家。《墨子》包含有問世在前的〈經上〉及〈經下〉，以及後來補上的〈經說上〉及〈經說下〉，意在解釋經（上、下）文。這四部分統稱為《墨經》。本小節的論述，參考史家鄒大海有關《墨經》與數學的關連之研究成果。[13]《墨經》中這些與數學有關的條目都與幾何有關，或許這也是墨家門徒都是工匠的見證吧。

　　由於墨徒都是工匠出身，他們熟悉測量技術，相當理所當然。至

---

[13] 鄒大海，〈墨家與數學〉，載郭書春主編，《中國科學技術史・數學卷》，頁 50–59。

於我們現代人可以將他們的知識或技能背景連結到數學上，其直接證據乃是劉徽《海島算經》第一題中的「參，相直」之圖示。[⑭]這句話是說「三點共線（三個點共有一條直線）」的意思。至於《墨經》版則是：「直，參也」（〈經上〉）。

有了這個連結，現代數學史家對於墨家若干有關幾何概念的認識，就有了比較可發揮的「歷史想像」空間。譬如，「宇，東西家南北」，意指「宇」充滿了各個不同的處所，包括東西南北各個方位，以及說話者所在的地方（「家」），也就是我們現在所說的東、西、中、南、北。現在，有了空間就要有量度，所以「厚，有所大也」（〈經上〉）及其「厚，惟 [無厚] 無所大」（〈經說上〉），也就是用「厚」來表示物體的空間量度。還有，「端，體之無厚而最前者也」，意思是說：一個物體含有很多的構成部分，「端」是其中沒有量度而處於最邊緣的部分。顯然這與我們現在對「點」的「直觀」意義頗為相近。

另外，墨家提到的「平」，很容易讓我們聯想到工匠的經驗日常，所謂「平，同高也」，是指一個東西若是平的，它各處都有相同的高度。這個說法稍加抽象化一點，那麼，「平行」概念或許就呼之欲出了。無論如何，這個實作涉及工匠的「作圖」，我們可以進一步參考「同長，以缶相盡也」（〈經上〉）之說，要確認兩個物件同長，那就是將它們疊合在一起，它們正好（「缶」即「正」）相盡，好比兩頭都不長不短，正好重疊。這相當於等線段作圖的概念。還有，在利用圓規作圖時，固定的中心點就符合「中」的概念，「中，同長也」，也就是

---

⑭ 《海島算經》第一題如下：「今有望海島，立兩表，齊高三丈，前後相去千步，令後表與前表參相直。從前表卻行一百二十三步，人目著地取望島峰，亦與表末參合。問島高及去表各幾何？」引郭書春、劉鈍校點，《算經十書》，頁 247。

「心中，自是往相若也」，表示處於一個形體的中央的中，與其邊界點的各連線長度相同，就好比是拿一個圓規定下中心點即可畫圓。圓與圓心、圓周之關連如何重要，由下引墨家兩說可見一斑：「圜，一中同長也」及「圜，規寫（攴）[交] 也」，因為中心點到圓的（圓周）邊緣每一處，都有相同的長度，還有，用圓規畫圓時，要畫一個整圈，然後要與開始處相交。

根據上述，《墨經》確實含有豐富的幾何知識和思想，其中用詞也確實有著相當精準的描述，甚至他們對於許多數學家無從處理的「無限」，也有獨到之見解。比方說，經說「窮，或不容尺，有窮；莫不容尺，無窮也」，意指用尺來度量從一點向某個方向延伸的直線，如果量到某個地方，前面不能容下一尺，那麼它是有窮的，如果繼續不斷地量下去，前面總是能容下一尺，那便是無限。這個說法與現今數學家描述無限之想法，雖不中亦不遠矣。[15]

可惜，我們仍無法找到足夠的數學文獻，說明墨子對數學知識的成熟度。也許《墨子》的撰寫背景乃是諸子百家眾聲喧嘩之時期，因而目的僅是為其墨家宣傳理念，或是由於墨家門徒有諸多工匠，必須提供他們解方 (know how)，以致其中涉及邏輯和抽象的概念，仍無暇系統化。縱使這些概念與今之相關幾何知識所差無幾，但因為缺乏有系統的組織，以及後世學者的不間斷闡述，而無法發展而成為成熟的學問。

上一段曾提及墨家的邏輯概念，茲簡要補充如下。一般來說，數學家必須要能在（幾何）概念之間建立邏輯連結 (logical connection)，

⓯ 此一概念是否影響劉徽有關無限的看法，不妨參考 Horng, "How Did Liu Hui Perceive the Concept of Infinity: A Revisit"，不過，我們覺得距離「定論」，還是相當遙遠。

才可望依據推論形式 (form of reference) 而將命題／敘述 (proposition/
statement) 之間的關係「演繹」成「理論」，從而滿足系統化發展的進
一步（智性）需求 (intellectual need)。在《墨經》中，有幾條涉及命題
之間的關係。譬如，與「故」連結的「大故」與「小故」：「小故，有
之不必然，無之必不然；……大故，有之必然」，顯然分別符合今日所
謂的「必要條件」及「充分條件」。其次，針對〈經下〉第一條：「止
類以行之，說在同」，墨家解釋說：「彼以此其然也，說是其然也；我
以此其不然也，疑是其然也。此然是必然則俱。」根據史家鄒大海的
白話文解說，經文指出：吾人要按照「類」來推理，因為同類的事物
具有共同的性質。經說則表示：「某人認為某類事物具有某種性質，則
其中任一個體也具有這種性質；我認為某類事物不具有某種性質，則
其中任一個體也不具有這種性質。只要這種性質是必然性，則類與個
體應同時具有或不具有這一性質。」

　　無論這一條是否就相當於演繹推論，鄒大海論及它在「類」的解
說上，呼應甚至深化了先前問世的《周髀算經》所引述的陳子之「類
以合類」進路，❶是很有見地的觀察。這種《墨經》與（曆）算書的
連結，是探討墨家「是否」以及「如何」影響中國古代數學之所必須
的見證，也是中國數學史家的永恆課題。

　　史家鄒大海也企圖將矛盾律與排中律連結到〈經上〉第 73 條。這
一條的經及經說如下：「彼，不可兩不可也」；「彼凡牛樞非牛，兩也無
以非也」，意思是：某一對象的是與非，不能兩者都不成立，當然也不
能兩者都成立。因此，墨家的推論形式觸及邏輯的排中律　(law of

---

❶ 這是該書中榮方向陳子問學的一段精彩對話，請見郭書春、劉鈍校點，《算經十書》，
頁 37–45。

excluded middle，前者）及矛盾律（law by contradiction，後者）。眾所周知，這兩個邏輯定律是歸謬法（*reductio ad absurdum*/reduction to absurdity）或反證法的基礎，也是數學概念（譬如無理數 $\sqrt{2}$）被證明「存在」時所仰仗。❼

可惜，在數學概念一直都不是主要關懷之所在的中算傳統中，墨家在進行數學實作時，究竟有沒有「自覺地」使用排中律或矛盾律，目前倖存史料或算書都不可稽，徒留些許遺憾。

5.2.2 「演繹科學」的亞里斯多德

西元前 384 年，亞里斯多德出生在希臘北方的史塔吉拉城，他的父親是馬其頓國王的御醫，家境富裕。十七歲時，亞里斯多德來到雅典，進入柏拉圖創立的學園，二十年後，亞里斯多德創立了與柏拉圖截然不同的哲學體系。他應馬其頓腓力國王之邀，曾經擔任亞歷山大大帝的家庭教師。

根據我們在第 1.2 節的簡要說明，柏拉圖主張數學知識是存在於理想世界的一些「形式」或「理型」，所以，學習只是一種記憶的回溯 (recollect)。我們的學習只要透過啟發回憶即可再發現 (re-discovering)。柏拉圖認為在「物質世界」中（與「理想世界」相對）看到的一切事物，純粹只是更高層次的「理想世界」中那些事物的影子。相反地，亞里斯多德則認為人類靈魂與生俱來存在的事物，純粹只是（物質世界）大自然事物的影子，大自然就是真實的世界，所以，他強調科學

---

❼ 蘇惠玉曾指出：在高中數學教學現場使用歸謬證法或反證法，通常必須假定要證明的「對象」（暫時）「不存在」，結果對許多學生來說，計算／操作／推論的對象就「不見了」，於是，就不知如何往哪個方向進行論證或思考。

實驗論證與演繹推論，而這些論證都必須要有明確的定義。

對亞里斯多德而言，自然哲學 (natural philosophy) 絕非飄忽不定難以捉摸，而是經驗有感，吾人可從經驗中建立原理，再將原理接受經驗檢視，如此方得以追求科學知識以擴展吾人的知識內容。就好比一個圓，對亞里斯多德而言，是接觸過圓形物元／客體之後，心中產生了完美圓的定義，然後再不斷從自然界中，核證哪些客體符合完美圓的定義。

總之，相較於柏拉圖的數學認識論（見第 1.2 節），亞里斯多德強調數學知識的經驗成分，同時也暗示我們在教育的過程中，學習者**主體 (subject)** 以經驗手段接觸**客體 (object)**，從而對客體所蘊藏的數學物元有所發明。他認為數學知識是介於形上學 (metaphysics) 與物質世界（或物理世界）之間的橋樑，換言之，對亞里斯多德而言，學習比較像是一種再發明的過程，這樣的觀點成為現代數學教育最有貢獻的主張之一。

不過，對於歐幾里得、乃至希臘數學風格影響最為深遠的亞里斯多德學說，則非有關敘述（或命題）之理論莫屬，而這是方法論面向的一門學問，我們在第 3.3.2 節已略有敘說，此處將結合《幾何原本》的內容與形式再予以申論，俾便與墨子的論證研究進行比較。事實上，在《數學起源》這部數學史／HPM 的經典作品中，奔特等三位作者就指出：「柏拉圖嘗試回答下列（本體論）問題：什麼是數學物件或客體的本質？至於亞里斯多德，他則是提出另一個重要的（方法論）問題：什麼樣的方法被用在數學的思維上？」同時，「亞里斯多德在討論公理和定義的過程之中，形成了一套關於證明的理論 (theory of proof)」。而所有這些，都是現存最早的相關文獻。

現在，我們就簡述亞里斯多德有關敘述句、概念、定義

(definition)、特殊概念以及未定義項的研究成果。❶所謂敘述句，是指運用關係來連結至少兩個概念的一個句子 ，譬如下列敘述句 （或命題）：

> 三角形的內角和是等於兩個直角的和。
> (The sum of the angles of a triangle is equal to the sum of two right angles.)

其中，兩個概念「三角形的內角和」與「兩個直角的和」是由「（是）等於」 這個關係所連結。另外，我們還可以考察 《幾何原本》 命題 I.47 （第 I 冊第 47 命題），方便後文討論：

> 在直角三角形中，直角對邊上的正方形等於含直角之兩邊上各自的正方形之和。
> (In right-angled triangles the square on the side opposite the right angle equals the sum of the squares on the sides containing the right angle.)

顯然，在這個案例中，兩個概念 「直角對邊上的正方形」 (the square on the side opposite the right angle) 與 「含直角之兩邊上各自的正方形

---

❶ 英文的 notion 及 concept 都中譯為「概念」難免產生混淆。其實，notion 是較一般性的用詞，有「想法」、「意見」甚至「命題」的含意。但是，由於我們在《數學起源》中將 notion 也中譯為概念，所以，我們在討論這兩個名詞時，會針對其意義做必要的釐清。

之和」(the sum of the squares on the sides containing the right angle)，被「等於」(equal) 這個關係所連結。

　　上述這兩個敘述句必須在被證明之後，才能接受為真 (true)，因而它們也成為今日所謂的定理 (theorem)。不過，一個定理的真實性（或是成立）必須依據演繹法則，透過我們早已熟知且已被證明為真的定理來加以證明。如此一來，由於我們無法無限（往前）逆推，勢必要有起始點——那是在沒有證明支持的情況下，不得不接受為真的敘述句。這些充當起始點的敘述句，我們現代通稱為公理（或公設），而由它們導出的一系列定理所構成的科學，就是我們所謂的演繹科學。

　　不過，亞里斯多德還注意到：這些未經證明而被接受的基本真理（敘述句），還應該區別為如下兩種：

　　共有概念 (common notions)：
　　適用於所有演繹科學都接受的根本真理；
　　特殊概念 (special notions)：
　　適用於特定科學（如幾何學）的根本真理。

我們所熟悉的等量公理，就是共有概念的例子，因為它適用於所有與量有關的學科。至於「從任一點到其他任一點可以畫一條直線」，則是特殊概念。顧名思義，前者又稱為公理，後者則稱為設準。⑮根據史

---

⑮ 在西方學界，亞里斯多德的這種區別持續了好幾個世紀之久。當然，在現代公設數學 (axiomatic mathematics) 的概念之中，此種區別已經沒有意義。不過，在公理或公設概念的強烈映照下，《幾何原本》中的設準之意義極易泯沒不彰，這常見於數學普及著述或數學史書籍，請讀者務必明察。

家奔特等的考察，演繹科學中的特殊概念或設準又有下列兩個面向的功能：

  ・敘述該科學的基本概念之意義 (meaning)；
  ・敘述該科學的基本概念之存在性 (existence)。

它們分別體現於《幾何原本》的設準 1–3，及設準 4–5，前文（第 3.4.1 節）已略加說明。由於設準 5（或第 5 設準）假設某種幾何物元的存在，因此，此一敘述句的「隱晦不彰」，將有助於我們理解為何它與非歐幾何的誕生息息相關。

接著，我們介紹亞里斯多德的概念、定義以及未定義項。[20]在共有概念及特殊概念（或設準）之外，亞里斯多德也認為所有其他的概念都必須加以定義。至於其方法或進路，則可藉由將某個「**特定性質**」（**區別屬類**，*differentiae specificae*）指派到一個已知的概念（**原始屬類**，*genus proximum*）來完成。試以平行四邊形為例，亞里斯多德將它定義為「兩組對邊皆平行的一個四邊形」，因此，我們必須先知道「四邊形」、「邊」、「對（邊）opposite」，以及「平行」等關係所代表的意義。同時，他也注意到平行四邊形是一種特殊的四邊形，亦即：「平行四邊形是具有對邊平行這個特殊性質的四邊形」。在此例中，四邊形就是原始屬類，「有平行邊」就是區別屬類，因為它區別了平行四邊形與其他四邊形。

因此，在概念階層 (hierarchy of concepts) 上，為了了解「何謂平

---

[20] 這些是墨家可能有機會觸及但卻又失之交臂的思維面向，值得我們在進行比較時，特別注意到其理論化或系統化知識體的進路。

行四邊形」，吾人必須先了解 「何謂四邊形」。[21]現在，四邊形是一個由四條線段（透過某種方式）連接起來的圖形。因此，要想了解何謂四邊形，吾人必須先了解「何謂線段」。此一「了解」程序持續下去，可以追溯到最原始的（或樸素的）(primitive) 基本概念為止。譬如說，在前例中，最原始的概念莫過於「點」，因此，「點」應該視為「未定義項」。

不過，儘管亞里斯多德注意到演繹科學結構的此一需求，他看起來並未堅持，這是因為對他來說，這些基本概念的意義 (meaning) 至為重要，所以，「必須經由能明白表示其基本性質的敘述句來完成」。這或許可以很好地解釋何以深受亞里斯多德影響的歐幾里得，會企圖定義「點」，在這個《幾何原本》（全書）的第一個定義中，他告訴讀者什麼叫做 「點」：「點就是那沒有部分的東西」 (A point is that which has no part.)。[22]其中，「那沒有部分的東西」 就是亞里斯多德所強調的，能明白表示「點」的基本性質之敘述句。

總之，正如柏拉圖，數學也是亞里斯多德哲學的主要成分。《數學起源》在第 6 章論述〈歐幾里得〉之前，先在第 5 章鋪陳〈歐幾里得的哲學先驅〉，至於其主角當然是柏拉圖及亞里斯多德。事實上，數學史家希斯畢生研究希臘數學史，除了其經典作《《幾何原本》及其導論與註解》之外，還有一部他去世後才被發現的遺作：《亞里斯多德著述中的數學》(*Mathematics in Aristotle*, 1949)，足見亞里斯多德對希臘數

---

[21] 這是現代數學學習所謂「概念性理解」的根本課題之一。在習慣以解題為導向的中學數學教育現場中，尤其需要特別提醒。

[22] 在徐光啟、利瑪竇合譯《幾何原本》前六卷中，這個定義中譯得十分言簡意賅：「點者無分」。

學介入之深遠！㉓

　　事實上，史家奔特等也注意到在方法論層面上，亞里斯多德的主張 vs. 歐幾里得的幾何系統有明顯的相似之處：

- 歐幾里得以一些基本的概念作為起始點：點、直線和圓，而在設準 1 到設準 3 之中，則揭示了這些概念的存在性。
- 在定義 I.1 到定義 I.4 以及定義 I.15 之中，㉔我們發現其陳述了概念之基本性質，它們的目的在於闡明這些概念的存在性。
- 歐幾里得的公理陳述了證明之中會用到的一些性質。㉕

無怪乎正如我們在第 5.1.2 節所指出，歐幾里得必須以主題是柏拉圖立體的《幾何原本》第 XIII 冊（最後一冊），來向祖師爺柏拉圖交心。

　　最後，我們也必須提及亞里斯多德的三段論 (syllogism)。他在推論形式上的研究確實是邏輯學不可或缺的內容。不過，數學史家認為這種推論從未見於《幾何原本》的命題證明之中，甚至其他希臘數學家也不曾使用，無怪乎《數學起源》在介紹〈演繹法的意義〉（第 7–8 節）時，並未刻意凸顯三段論。根據數學史家卡茲的說明，希臘數學家使用的推論形式有如下四種（設 p, q, r 都是命題或敘述）：⑴若 p 則 q。今 p 成立，故 q 亦成立。⑵若 p 則 q。今非 q 成立，故非 p 亦成立。⑶若 p 則 q 且若 q 則 r。今 p 成立，故 r 亦成立。⑷p 或 q 有一命

㉓ 可參考 Mendell, "Greek Mathematical Works in Aristotle's Works"。
㉔ 定義 I.1 代表第 I 冊的第 1 定義。餘皆類推。
㉕ 奔特等，《數學起源》，頁 168。

題成立。今非 p 成立，故 q 成立。

5.2.3　墨子 vs. 亞里斯多德

　　相較於亞里斯多德哲學對希臘數學的「依賴」，墨家對數學的興趣，是否只是素樸地描述幾個基本的幾何概念？又或者《墨經》也擁有「認知」面向的關懷？這些問題都很值得我們探索，不過，《墨經》文字古樸難以索解，在儒、墨並稱顯學的時代消逝之後，後世學者又無法創造一個源源不絕的研究傳統，因此，我們今日對於《墨經》的理解，還是免不了先天的限制。這是我們企圖連結《墨經》與先秦數學，乃至劉徽注《九章算術》時，必須要面對的「大哉問」。[26]

　　根據學者的研究，墨子認為知識的對象，是主觀對客體認識作用所得的現象。這個主張似乎近於亞里斯多德強調的經驗感知。此外，《墨經》也將獲得知識的來源分為三類：「知：聞、說、親」，然後，他們再進一步解釋說：「知，傳授之，聞也；方不瘴，[27]說也；身觀焉，親也」。簡而言之，知識的獲得分為：由別人傳授之，即間接獲得；或是由科學推論而得；第三種則是指觀察體驗而獲得的知識。顯然，墨子也深知，若全憑親聞，那所知就有限了，必須要能有推論的認知能力。如此說來，墨家對於若干推論形式的興趣，或許就很容易理解了。

　　不過，當我們對照（上一節）亞里斯多德如何重視幾何名詞的定義，以及相關概念階層的意義，乃至如何建構演繹科學等等，我們也

---

[26] 有關《墨經》如何影響劉徽有關無限的看法，不妨參考 Horng, "How Did Liu Hui Perceive the Concept of Infinity: A Revisit"。

[27] 「方不瘴」意指類比推論而無礙。

很容易體會數學對墨家來說，正如其他知識活動一樣，都不是獨立或客觀的實體。因此，在工匠實際需求之外，墨家所能推進的數學，當然就大有侷限了。無論如何，墨家在探索認識論及方法論等面向的議題時，都不曾自覺地以數學為範例，這無疑也說明他們並未認識數學知識的特異性，譬如希臘哲學家所主張的：數學是確定性知識的典範。[28]

5.3　《九章算術》vs.《幾何原本》

對史家來說，《九章算術》及《幾何原本》這兩部經典的對比，並非始自今日。1865 年（清同治四年），當曾國藩贊助刊行《幾何原本》十五卷時，就撰寫了一篇序言，其主旨是在強調中西算學進路之對比及互補。因此，他身為洋務運動的領袖之一，要想凸顯算學與自強關聯的重要性，這兩部經典在書院改章或新式學堂的課程中，應該都列為必修書目，以收中西算學互補之效。譬如，晚清一代疇人李善蘭 (1811–1882) 擔任京師同文館算學教習時，就針對五年制學生（無法閱讀外文者）開授科目包括「九章算法」與「幾何原本」，至於其目標，當然就是「合中西於一法」。[29]

現在，就讓我們引述這一篇序言的部分文字，藉以了解當時士大夫對兩書對比之看法：

---

[28] 數學史家 Morris Kline 曾以「確定性」為主題，出版一部數學史經典：《數學：確定性的失落》(*Mathematics: The Loss of Certainty*)，考察數學知識如何因「確定性失落」之危機而演化。

[29] 參考洪萬生，〈同文館算學教習李善蘭〉。

蓋我中國算書以九章分目，皆因事立名，各為一法。學者泥
其跡而求之，往往畢生習算，知其然而不知其所以然，遂有
苦其繁而視為絕學者，無他，徒眩其法而不知求其理也。……
《幾何原本》不言法而言理，括一切有形而概之曰點、線、
面、體。點、線、面、體者，象也。點相引而成線、線相遇
而成面、面相疊而成體。而線與線、面與面、體與體，其形
有相兼、有相似，其數有和、有較、有有等、有無等、有有
比例、有無比例。洞悉乎點、線、面、體，而御之以加、減、
乘、除，譬諸閉門造車，出門而合轍也，悉敝敝然逐物而求
之哉？

然則九章可廢乎？學者通乎訓詁之端，而後古書之奧衍者可
讀也。明乎點、線、面、體之理，而後數之繁難者可通也。
九章之法，各通其用。《幾何原本》則徹乎九章立法之源，而
凡九章所未及者，無不賅也。致其知於此，驗其用於彼，其
如肆力小學，而收效于群籍者歟？

無論上述說法對於《九章算術》內容之刻畫是否公允，[30]「**合中西為
一法**」顯然是 1860 年代清季推動自強運動的士大夫的共同主張。事實
上，這一篇序言的作者是誰，還是一個未定的歷史公案，因為曾國藩
的長子曾紀澤（曾經向李善蘭習算）、張文虎（曾經與李善蘭一起擔任
曾國藩安慶大營幕客） 都將它收入各自文集。[31]或許這篇序言的微言

---

[30] 譬如「九章分目，皆因事立名，各為一法」的評論就過於簡化，因為「方田章」的
問題就不是「一法」可以御之。

大義——積極西化或現代化，才是他們共同的文化關懷吧。

　　對今日讀者來說，上述這個「數學史學史」的回顧，是饒富認知意義及歷史趣味的。在一方面，由於亞里斯多德對於歐幾里得的影響，正如第 3.3.3 節所示，不是簡單的三言兩語可以解釋得了。另一方面，對於《九章算術》來說，1860 年代的清朝中國人，還將它當成「教科書」、甚至是算學研究的文本來對待，我們今日的評價則不然，這部經典已經被我們當作是一種歷史文獻了。

　　儘管如此，當我們將「視角」從數學史轉向 HPM 時，有些命題或方法就變得逸趣橫生，「差別」就完全在於如何提問，甚至我們在跨文化之間進行比較時，也會為史學帶來新的問題意識。茲以《九章算術》第一章「約分術」，以及第九章「勾股術」為例，來說明我們的想法。

　　「約分術」係針對《九章算術》第一章第五、六題的分數約分問題。為了方便對比歐幾里得的版本，我們在此再引述「約分術曰」如下：

　　約分術曰：可半者，半之。不可半者，副置分、母子之數，
　　以少減多，更相減損，求其等也。以等數約之。

接著，對照歐幾里得的輾轉相除法，這個名稱是指《幾何原本》命題 VII.1 及 VII.2：

---

31 張文虎是明算士大夫，生平事蹟請參看洪萬生，〈張文虎的舒藝室世界：一個數學社會史的取向〉。另外，史家王爾敏認為曾紀澤代筆的可能性較大。

命題 VII.1：設有不相等的二數，從大數中連續減去小數直到
　　　　　　餘數小於小數，再從小數中連續減去餘數直到小
　　　　　　於餘數，這樣一直作下去，若餘數總是量不盡其
　　　　　　前一個數，直到最後的餘數為一個單位，則該二
　　　　　　數互質。

命題 VII.2：若兩數不互質，求其最大公因數。

上引的前一個命題的運算與「更相減損」完全無異，歐幾里得所以分成兩個命題，完全是為了區別不相等兩數是否互質。事實上，如將《九章算術》「約分術」翻譯成英文，再對照上引命題的英文版（以 Heath 版為準），**那麼，《九章算術》及《幾何原本》就為我們提供數學史上多元發現或發明 (multiple discovery/invention) 的最佳見證。

　　現在，我們依序考察「**勾股術**」及（《幾何原本》的）畢氏定理：

今有句三尺，股四尺，問為弦幾何？

答曰：五尺。

勾股術曰：句股自乘，并，而開方除之，即弦。又，股自乘，
以減弦自乘，其餘開方除之，即句。又，句自乘，以減弦自
乘，其餘開方除之，即股。

** 可參考 Van der Waerden, *Geometry and Algebra in Ancient Civilizations*; Horng, "Euclid vs. Liu Hui: A Pedagogical Reflection"，以及 Joseph Dauben （道本周）, Xu Yibao （徐義保）, *Nine Chapters on the Art of Mathematics: English Critical Edition and Translation, with Notes* I, pp. 34–35。

然後，再引述畢氏定理：

> 在直角三角形中，直角對邊上的正方形等於含直角之兩邊上
> 各自的正方形之和。㉝

其「原書」插圖如圖 5.1。㉞顯然，勾股術就是一個名符其實的「術」
(know-how)，告訴讀者如何從勾、股、弦的任兩個已知條件，而找出
第三邊。至於針對畢氏定理，歐幾里得所建立的，則是一個幾何事實
（或敘述），其中，他連結了兩組概念：「直角對邊上的正方形」以及
「含直角之兩邊上各自的正方形之和」。

這種概念之間的連結，必須要有先決條件，其中之一便是概念的
清晰可辨，如此，在對它們進行「邏輯連結」時，才會變得比較容易
操作才是，而且真要計算面積，概念階層也大有助於面積公式之推演。
其實，在徐、利版的《幾何原本》(1607) 第一卷之首中，「歐幾里得」
開宗明義針對概念的「界說」（亦即定義），就有如下之聲明：「凡造
論，先當分別解說論中所用名目，故曰界說。」

不過，徐光啟似乎未曾申論概念及其定義的重要性，儘管他特別
讚賞《幾何原本》的邏輯結構，在〈《幾何原本》雜議〉中，他指出：

㉝ 引 Heath, *Euclid's Thirteen Books of the Elements* Vol. I, pp. 349–350。

㉞ 圖 5.1 取自徐光啟、利瑪竇根據 Clavius 的十五卷拉丁文版本中譯的前六卷版。這個
版本的研究可參考安國風 (Peter Angelfriet) 的《歐幾里得在中國》 (*Euclid in China*,
1998)。又，這兩個圖示本質上與 Heath 版相同。

此書有四不必：不必疑，不必揣，不必試，不必改。有四不可得：欲脫之不可得，欲駁之不可得，欲減之不可得，欲前後更置之不可得。有三至三能：似至晦，實至明，故能以其明，明他物之至晦；似至繁，實至簡，故能以其簡，簡他物之至繁；似至難，實至易，故能以其易，易他物之至難。易生於簡，簡生於明，綜其妙在明而已。

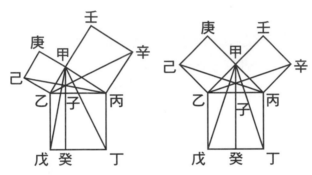

圖 5.1：《幾何原本》畢氏定理證明插圖

他認為此書能培養吾人的邏輯思維能力，並說「此書為益，能令學理者袪其浮氣，練其精心；學事者資其定法，發其巧思，故舉世無一人不當學」。這個說法不無誇大之嫌，但就培養學生數學邏輯、推理思考的能力而言，這樣的教材是頗具挑戰性、也具有邏輯思考訓練價值。

其實，讀者大都容易忽略上述引文的最後一句話：「綜其妙在明而已」。這個「明」的起碼要求，恰好是《九章算術》所欠缺。比如說吧，在《九章算術》卷第一「方田」中的「邪田」（今之梯形）面積計算的兩個題目中，平行的兩邊在這兩個題目中的名稱完全不同——其一為「一頭廣」，另一為「一畔從」，請參看如下的引文：

今有邪田，一頭廣三十步，一頭廣四十二步，正從六十四步。
問為田幾何？

又有邪田，正廣六十五步，一畔從一百步，一畔從七十二步。
問為田幾何？

術曰：并兩邪而半之，以乘正從若廣。又可半正從若廣，以
乘并。

劉徽注術曰：并而半之者，以盈補虛也。

這兩個邪田題目之陳述，似乎從未被歷代算家檢視。可見，古代中算家對於所謂數學「名目」，或許真的只要「約定俗成」就好。

　　總之，這兩部經典，一部是中國古代數學發展以迄東漢末年的一個總結性代表作；另一部則是用「假設＋演繹」方法 (hypothetico-deductive method) 建立起來的西方數學典範。因此，在此我們以史學方法簡要「比較」，對於東西各自文明的數學風格之刻畫，確實具有重大意義與價值。

　　在一方面，從「**程序性知識**」vs.「**概念性知識**」的對比來看，《九章算術》的「術曰」——公式之外的那些算法，都可以歸類為「**程序性知識**」(procedural knowledge)。而《幾何原本》絕大部分的證明論述，無庸置疑地是一種「**概念性知識**」(conceptual knowledge)。罕見的例外，似乎是像命題 VII.1 及 VII.2 那樣涉及計算的演算法之敘述。我曾經運用「程序性知識」vs.「概念性知識」的對比，探討古代中算家如劉徽、徐光啟、梅文鼎，以及李善蘭等人的論證風格，附帶地也對《九章算術》的知識連結，引進了另外的考察空間。㉟不過，這四

㉟ 參考 Horng, "Euclid vs. Liu Hui: A Pedagogical Reflection"。

位中算家之中，只有劉徽完全「在地」，其他三人都深受「中西會通」之影響。在下一節，我們的主題將是劉徽如何在歐幾里得的映照下，呈現出他「固有的」算學之特色。

 ## **5.4　數學知識的系統化：劉徽 vs. 歐幾里得**

從比較史學的 ABC 來看，跨文明的人、事、地、物之「隨意捉對」敘說比較，並不一定會呈現有意義的結論，甚至可能是「甚無謂也」之舉。因此，在本節中，我們要邀請劉徽與歐幾里得來進行比較，應該要先有一個「話說從頭」才是。

話說 1985 年秋天，我進入美國紐約市立大學 (City University of New York) 歷史研究所博士班，進修科學史／數學史，曾經幾次跟業師道本周 (Joseph Dauben) 教授討論劉徽。當我幾次使用生硬的英文，向他解說劉徽如何註解《九章算術》，他最後為我們的討論下一個結語：劉徽在中國數學中的角色，頗類似歐幾里得之於希臘數學，因為他們兩人的進路，都主要關注數學知識的結構面向 (structural aspects)，而且都成功建立知識結構體，並藉以進行他們之前各自數學傳統的集大成工作。

道本老師的劉徽觀察，當然充分反映他在數學與史學兩方面的雙重洞識 (double insights)，儘管他當時尚未跨進中算史的學術領域。不過，在他主編 *Historia Mathematica* 期間（八年），該刊曾經登載漢學家華道安 (Donald Wagner) 的經典論文："An Early Derivation of the Volume of a Pyramid: Liu Hui, Third Century A. D." (1979)，堪稱 1970 年代國際學界有關劉徽研究之盛事。㊾

即使沒有歐幾里得這個「對照組」(reference)，劉徽研究本身也自有其意義。這是華道安的論文給我們的最大啟發，儘管當時我對劉徽的「獨特」貢獻並非完全「無知」。事實上，錢寶琮在他的《中國算學史》上卷 (1932) 早已指出：

> 徽所撰注，崇尚理證，務求明晰，未嘗拘泥古法，視趙爽《周髀注》為猶勝一籌。中國算學得由經驗的公式，為合理的研究，劉徽之功為多云。

這對數學史的愛好者來說，是頗有吸引力的，因為這表示中算文本包含有一些「崇尚理證」的內容，至少可以呼喚數學專業出身的數學經驗，或者對照希臘數學（譬如《幾何原本》）的某些現代性。

總之，中算史學後來的故事更趨明朗（部分可歸功於劉徽研究成為一時風潮），而且，以劉徽 vs. 歐幾里得為切入點，進一步刻畫中國乃至希臘數學風格，就變成比較可以且值得期待的學術工作。因此，我們企圖進行些許論述，希望這個「比較史學」的工作可以越來越細緻。

劉徽是西元三世紀的中國傑出數學家，數學史家郭書春將他譽為「古代世界數學泰斗」時，曾經在中國科學史界引起一些騷動。不過，平心而論，劉徽當之無愧！事實上，郭書春的論斷的確相當合理：「若說《九章算術》建立了中國古代數學體系的框架，提出概念、判斷與命題，那麼劉徽則是透過『析理以辭』、『解體用圖』，為這些概念、判斷、命題建立它們之間的有機聯繫。劉徽的出現，標誌著中國古代數

---

36 我也因為這篇論文的啟發，而從數學專業逐漸自修數學史，為轉行做準備。

學理論體系的完成。」

　　由於魏晉劉徽所發揮的主導角色，所以，郭書春主編《中國科學技術史：數學卷》，第三編將東漢末至唐中葉的中國數學之特色，刻畫為「中國傳統數學體系的完成」，看起來十分貼切，事實上，這也相當有助於我們理解中國古代數學。

　　事實上，劉徽的「作圖」與「說理」往往融為一體，他也常將程序性、概念性兩類知識融合使用。歐幾里得則是將作圖與論證分開，通常他先作圖，然後繼之以論證，也就是他將程序性面向與概念性面向分開處理。❸茲再以最大公因數的求法為例，劉徽「注曰」：

　　其所以相減者，皆等數之重疊，故以等數約之。

顯然，他聚焦在為什麼（輾轉）相減，而不是確認「等數」（最大公因數）之存在。至於歐幾里得在《幾何原本》命題 VII.1 及 VII.2 的證明中，則是先證明兩數輾轉相減最後餘數為一的時候，兩數必互質。如非互質，則進一步證明最後餘數為最大公因數。有關劉徽注（具有證明或說明意義）的這個特性，數學史家雷茲 (Rievel Retz) 的觀察極富洞察力，我們稍後還會轉述。

　　針對「勾股術曰」，《九章算術》編纂者當然沒有提供證明或說明。不過，劉徽補上了這個空白：他針對術文中的第一句「勾股術曰：句股自乘，并，而開方除之，即弦」 進行註解 （下文引述將劉徽注置後）：

---

❸ 不妨參考洪萬生，〈傳統中算家論證的個案研究〉。

勾股（劉徽注）短面曰句，長面曰股，相與結角曰弦。句短其股，股短其弦。將以施於諸率，故先具此術以見其原也。

術曰：句股各自乘，并，而開方除之，即弦。（劉徽注）句自乘為朱冪，股自乘為青冪，令出入相補，各從其類，因就其餘不移動也，合成弦方之冪。開方除之，即弦也。

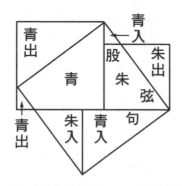

圖 5.2：出入相補「證明」勾股定理的程序圖

參考圖 5.2 （取自李潢插圖），**❸**劉徽顯然運用「出入相補」，將「句方」與「股方」這兩個正方形變換成為「弦方」。換言之，他「程序地」(procedurally) 連結了「句方＋股方」及「弦方」。至於針對《幾何原本》命題 I.47 （畢氏定理）：

在直角三角形中，直角對邊上的正方形等於含直角之兩邊上各自的正方形之和。**❸**

❸ 李潢，《九章算術細草圖說》，載郭書春主編，《中國科學技術彙編・數學卷》，頁1177。

歐幾里得在他的證明中，則利用三角形全等判斷命題 SAS（命題 I.4），「概念地」(conceptually) 連結了「直角所對應的邊上的正方形」與「夾直角兩邊上正方形的和」。

上文提及兩個關鍵的副詞——「程序地」及「概念地」，都源自數學教育的程序性知識 vs. 概念性知識，我們在第 5.3 節已經提及。事實上，在歐幾里得的映照下，無論是「約分術」或是「勾股術」，劉徽的「注曰」都不是概念之間的「邏輯連結」。數學史家雷茲以球體積公式推導為例，針對劉徽／祖暅之 vs. 阿基米德的對比，給出了極富啟發性的評論：他要我們注意到劉徽及祖暅之在《九章算術》卷四〈少廣〉章「開立圓術」所證明的，就是一個「方法」。他繼續說：

> 在希臘數學脈絡中被理解為定理者，譬如，根據球的直徑來推導球的體積，反之亦然 (the finding of the volume of the sphere in terms of its diameter or vice versa)，在中國的案例中，就會被解讀為一個「方法」，那是指一系列的運算，可以讓吾人將一個有關體積的敘述 (a volume statement) 變換成為一個有關直徑的敘述 (a diameter statement)。中國數學致力於「方法」有效性的證明。❹

由於我們前文（第 4.6 節）並未詳論劉徽有關球體積公式的推導，因此，有關雷茲的上述評論看起來難免「隔鞋搔癢」，所幸「約分術」的劉徽注給了我們更簡單明瞭的例子，說明他的「其所以相減者，皆等

---

❸ 引 Heath, *Euclid's Thirteen Books of the Elements* Vol. I, pp. 349–350。

❹ 引雷茲，"Divisions, Big and Small: Comparing Archimedes and Liu Hui"。

數之重疊」，實際上是針對「更相減損」（或輾轉相除法）為何有效的一種「說明」(explanation)。[40]至於針對「勾股術」，劉徽則是根據「出入相補」這一個「方法」一系列的運算（其程序見圖 5.2），將「句方＋股方」變換成為「弦方」。

但無論如何，若說數學之奧理盡如夜空中亮眼繁星，也儘管劉徽、歐幾里得在探究此奧理的思維中，有著明顯的不同，這兩位分處平行時空下的中西數學家，仍是看到一樣的燦爛星空。所以，縱然思維不同，進路互異，但數學的真理仍是將智者引至相同的「道」，找到一樣的「光」。我們盡可在此康莊大道上，欣賞這些豐富又多元的星光燦爛！

5.5 數學的「在地性」

根據本章的簡要論述，數學在不同的地域，不同的時代背景，其發展方向隨其社會脈絡自然有所不同，這就是我們所謂的「數學的在地性」(mathematics in context)。以希臘為例，「幾何」的發展，從開始的丈量土地到柏拉圖的哲學之用，除了基礎的訓練學科之外，已轉變為探討真理之工具。亞里斯多德則反駁柏拉圖而主張數學不該獨立存於真實之外。因此，吾人除探索其數學自身的性質之外，也應該進一步地強調數學需要有明確之定義與有效的論證，然後才能成為一門「演繹科學」(deductive science)。歐幾里得的《幾何原本》就是亞里斯多德「數學哲學」的最佳實踐。

---

40 在〈傳統中算家論證的個案研究〉中，我針對這個案例，提供了一個呼應「數學教育」面向的說明，不妨參考。

　　在東方中國，或許因為先秦思想家如孔子或墨子未曾凸顯數學的「知識論」意義，同時，墨家在「方法論」上雖有一些作為，但在西漢初朝廷「獨尊」儒術之後，墨家學說被迫隱晦不彰，發揮不了應有的影響力。於是，在缺乏思想家對知識活動的「獵奇探索」之後，數學家大都藉由類比推論來擴展知識內容，演繹論證即或有劉徽的罕見獨特表現，但帝國官僚的實用需求，仍然主導著數學的發展，譬如，《九章算術》的知識範疇一再被複製，就是最好的歷史見證。

　　就中國、希臘兩大文明的思維活動來比較，中國數學家似乎長於劉徽所指出的直觀綜合推論──「事類相推，各有攸歸，故枝條雖分而同本幹知，發其一端」，[42]至於希臘人則致力於基本的方法論與認識論的辨證，而對於僅僅提供一些臆測或不夠充分條件的論證，顯然毫無興趣。正如數學史家羅伯遜 (Eleanor Robson) 等指出：這兩個古老文明的數學確實分享了多元的觀點──統一性 (unity) 與發散性 (diversity)。

　　因此，「數學在地性」絕對離不開人類的文化脈絡，數學史家史特朵認為當現代人面對充滿文化脈絡的數學問題時，往往忘了該如何尊重這樣的文化脈絡。我們總是會習慣用自己熟悉的（現代）計算方法去求解，更糟的是，用現在的想法去詮釋當時的數學問題。如此一來，我們也將無法掌握有關早期文化的數學思考脈絡。唯有尊重文本的脈絡，我們才能與古人對話，也才能激盪出經過時間醞釀下的璀璨智慧火花。

　　換言之，數學的在地化，就是要吾人從生活中出發，連結有「地氣」的數學知識，因為數學文化不僅僅具有知識論的意涵，教育上更

──────────

[42] 「知」在此訓「者」。

應具備有傳遞的價值。它可以是人與人之間的傳遞、地與地之間的傳遞、國與國之間的傳遞，更可以是世代的傳遞。或許在探究這些問題之前，我們應該先自問：我們是如何知道這些文化？這些文化是如何來到我們眼前？我們又該如何辨別這些文化的真實性？以及我們可以如何學習這些文化？

參考文獻

第 1 章

- Dauben, Joseph (1993). "Mathematics: An Historian's Perspective," *Philosophy and the History of Science* 2, pp. 1–21.

- Fauvel, John and Jan Van Maanen eds. (2000). *History in Mathematics Education: The ICMI Study*. Dordrecht: Kluwer Academic Publishers.

- Glas, Eduard (2014). "Chapter 23: A Role for Quasi-Empiricism in Mathematics Education", M. R. Matthews (ed.), *International Handbook of Research in History, Philosophy and Science Teaching* (DOI 10.1007/978-94-007-7654-8_23, Springer Science + Business Media Dordrecht 2014), pp. 731–753.

- Grattan-Guinness, Ivor (1997). *The Fontana History (Rainbow) of the Mathematical Sciences*. London: Fontana Press.

- Grattan-Guinness, Ivor (2009). "Numbers, Magnitudes, Ratios, and Proportions in Euclid's Elements", Grattan-Guinness, *Routes of Learning: Highways, Pathways, and Byways in the History of Mathematics* (Baltimore: The Johns Hopkins University Press), pp. 171–194.

- Grattan-Guinness, Ivor (2009). *Routes of Learning: Highways, Pathways, and Byways in the History of Mathematics*. Baltimore: The Johns Hopkins University Press.

- Horng, Wann-Sheng (2000). "Euclid versus Liu Hui: A Pedagogical Reflection", Victor Katz ed., *Using History to Teach Mathematics: An International Perspective* (Washington D.C.: Mathematical Association of America), pp. 37–48.

- Horng, Wann-Sheng (2004). "Teacher's Professional Development in terms of the HPM: A Story of Yu", presented to HPM 2004 Upsala.

- Horng, Wann-Sheng (2012). "Narrative, Discourse and Mathematics Education: An Historian Perspective", PME 28, Wesley Girls High School, Taipei, Taiwan. July 18–22, 2012.

- Kline, Morris (1954). *Mathematics in Western Culture*. New York: George Allen & Unwin Ltd.

- Lakatos, Imre (1976). *Proofs and Refutations*. Cambridge: Cambridge University Press.

- Laubenbacher, Reinhard, David Pengelley (1999). *Mathematical Expeditions: Chronicles by the Explorers*. New York: Springer-Verlag.

- Marcia Ascher (2002). *Mathematics Elsewhere: An Exploration of Ideas Across Cultures*. Princeton and Oxford: Princeton University Press.

- Martzloff, Jean-Claude (1997). *A History of Chinese Mathematics*. Berlin and Heidelberg: Springer-Verlag.

- Osen, Lynn M. (1997/2001)，〈桑雅・卡巴列夫斯基，1850–1891〉，《女數學家列傳》(*Women in Mathematics*)，彭婉如、洪萬生譯，頁 117–140，臺北：九章出版社。

- Scholes, Robert, James Phelan, Robert Kellogg (2006). *The Nature of Narrative*. Oxford/New York: Oxford University Press.
- Stedall, Jacqueline (2012). *The History of Mathematics: A Very Short Introduction*. New York: Oxford University Press.
- 柏拉圖 (Plato, 1999)，〈米諾篇〉，陳昭蓉譯，《HPM 通訊》 2(12): 12–17。
- 奔特、瓊斯、貝迪恩特 (Lucas N. H. Bunt, P. Phillip Jones and Jack Bedient, 2019)，《數學起源：進入古代數學家的另類思考》，黃俊瑋等譯，臺北：五南圖書公司。
- 毛爾 (Eli Maor, 2015)，《畢氏定理四千年》 (*The Pythagorean Therorem, a 4,000-year history*)，洪萬生、林炎全、蘇俊鴻、黃俊瑋譯，臺北：三民書局。
- 拉克哈特 (Paul Lockhart, 2015)，《這才是數學：從不知道到想知道的探索之旅》(*Measurement*)，畢馨云譯，臺北：經濟新潮社。
- 克藍因 (Morris Kline, 2004)，《數學：確定性的失落》(*Mathematics: The Loss of Certainty*)，趙學信、翁秉仁譯，臺北：臺灣商務印書館。
- 洪萬生 (1998)，〈HPM 隨筆（一）〉，《HPM 臺北通訊》1(2): 1–3。
- 洪萬生 (2006)，〈數學課程的文化衝擊〉，《此零非彼 O》，頁 273–281，臺北：臺灣商務印書館。
- 洪萬生 (2006)，〈數學哲學與數學史〉，《此零非彼 O》，頁 16–22，臺北：臺灣商務印書館。
- 洪萬生 (2012)，〈鄭重推薦中國數學史的巨著：《中國科學技術史‧數學卷》〉，《中國科技史雜誌》33(2): 127–129。
- 洪萬生 (2015)，〈去掉條條框框，看見數學的本質〉（推薦序），載拉克哈特，《這才是數學》，頁 11–15，臺北：經濟新潮社。

· 洪萬生 (2017)，《數學的浪漫：數學小說閱讀筆記》，臺北：遠足文化。

· 洪萬生 (2018)，〈臺灣數學普及三十年〉，《HPM 通訊》21(11): 1–4。

· 洪萬生 (2018)，〈士族門第如何看待數學〉，《窺探天機：你所不知道的數學家》，頁 31–42，臺北：三民書局。

· 洪萬生 (2018)，〈異軍突起的數學小說〉，《HPM 通訊》21(6): 1–5。

· 齊斯·德福林，《數學的語言》 (*The Language of Mathematics: Making the Invisible Visible*)，洪萬生、洪贊天、蘇意雯、英家銘譯，臺北：商周出版。

· 史都華 (Ian Stewart, 2008)，《給青年數學家的信》(*Letters to a Young Mathematician*)，李隆生譯，臺北：聯經出版。

第 2 章

· Bunt, Lucas N. H., Phillip S. Jones, Jack D. Bedient (1998). *The Historical Roots of Elementary Mathematics*. New York: Dover Publications, INC.

· Gillings, Richard J. (1982). *Mathematics in the Time of the Pharaohs*. New York: Dover Publications, INC.

· Katz, Victor J. (1998). *A History of Mathematics*. New York: Addison Wesley Longman, INC.

· Robson, Eleanor (2008). *Mathematics in Ancient Iraq: A Social History*. Princeton: Princeton University Press.

· 奔特、瓊斯、貝迪恩特 (2019)，《數學起源》，黃俊瑋等譯，臺北：五南圖書公司。

- 英家銘 (2006)，〈紙莎草紙中的埃及智慧〉，《科學月刊》37(8): 2–6。
- 英家銘 (2020)，〈穿越四千年的數學遺產〉，《科學發展》 574: 11–16。

第 3 章

- Apollonius (1952). *Conics* (tr. R. C. Taliaferro), in *Great Books of the Western World*, Encyclopaedia Britannica.
- Christianidis, Jean, Jeffrey Oaks (2022). *The Arithmatica of Diophantus: A Complete Translation and Commentary*. London: Routledge.
- Eves, H. (1976). *An Introduction to the History of Mathematics*. New York: Holt, Rinehart and Winston.
- Fried, M. (2003). "The Use of Analogy in Book VII of Apollonius' *Conica*", *Science in Context* 16(3): 349–365.
- Heath, Thomas L. (1896). *Apollonius of Perga: Treatise on Conic Sections*. Cambridge: University Press.
- Heath, Thomas L. (1956). *Euclid: The Thirteen Books of the Elements*. New York: Dover Publications, INC.
- Horng, Wann-Sheng (2003). "A teaching experiment with Prop. IX–20 of Euclid's *Elements*" (Bekken, Otto and Reidar Mosvold eds., *Study the Masters: The Abel-Fauvel Conference, Gimlekollen Mediacentre-Kristiansand, June 12–15, 2002*), pp. 185–206.
- Lloyd, Geoffrey E. R. (1984). *Reason, Magic and Experience: Study in the Origin and Development of Greek Science*. London/New York: Cambridge University Press.

- Osen, Lynn M. (2001)，《女數學家列傳》，彭婉如、洪萬生譯，臺北：九章出版社。
- 柏林霍夫、辜維亞 (2008)，《溫柔數學史》(*Math through the Ages*)，洪萬生、英家銘暨 HPM 團隊譯，臺北：博雅書屋。
- 奔特、瓊斯、貝迪恩特 (2019)，《數學起源：進入古代數學家的另類思考》，黃俊瑋等譯，臺北：五南圖書公司。
- 馬祖爾 (Joseph Mazur, 2015)，《啟蒙的符號》，洪萬生等譯，臺北：臉譜出版。
- 毛爾 (2014)，《畢氏定理四千年》，洪萬生、林炎全、蘇俊鴻、黃俊瑋譯，臺北：三民書局。
- 內茲、諾爾 (Reviel Netz, William Noel, 2007)，《阿基米德寶典：失落的羊皮書》 (*The Archimedes Codex: Revealing the Secrets of the World's Greatest Palimpsest*)，曹亮吉譯，臺北：天下文化。
- 林倉億 (2002)，〈《幾何原本》（二）文本研讀內容摘要〉，《HPM 通訊》5(6): 1–9。
- 林壽福、鄭勝鴻 (2007)，〈歐幾里得及其輾轉相除法〉，《HPM 通訊》10(11): 1–6。
- 克萊因 (2004)，《數學：確定性的失落》，翁秉仁等譯，臺北：臺灣商務印書館。
- 黃俊瑋 (2007)，〈〈貼近《幾何原本》與 HPM 的啟示：以「驢橋定理」證明為例〉之閱讀心得〉，《HPM 通訊》10(1): 3–4。
- 黃俊瑋 (2009)，〈從歐幾里得到高斯：傳承 2000 年的正多邊形宴席料理〉，《HPM 通訊》12(9): 3–13。
- 黃俊瑋 (2012)，〈三份 HPM 教案反思與比較：「圓錐曲線雜談」、「無理數」、「餘弦定理」〉，《HPM 通訊》15(5): 1–5。

- 洪萬生 (1994)，〈數學史上三個圓面積公式〉，《科學月刊》 25(7): 539–544。
- 洪萬生 (1999)，〈HPM 隨筆（三）：數學哲學與數學史〉，《HPM 通訊》2(6): 1–4。
- 洪萬生 (1999)，〈HPM 隨筆（二）：數學史與數學的教與學〉，《HPM 通訊》2(4): 1–3。
- 洪萬生 (1999)，〈HPM 隨筆（一）〉，《HPM 通訊》1(2): 1–3。
- 洪萬生 (1999)，〈柏拉圖【米諾】中的數學哲學對話（上）〉，《HPM 通訊》2(12): 12–17。
- 洪萬生 (1999)，〈估計〉，《孔子與數學》，頁 91–102，臺北：明文書局。
- 洪萬生 (1999)，〈古希臘幾何學大師阿波羅尼斯〉，《孔子與數學》，頁 241–250，臺北：明文書局。
- 洪萬生 (2000)，〈柏拉圖【米諾】中的數學哲學對話（下）〉，《HPM 通訊》3(1): 3–7。
- 洪萬生 (2002)，〈《幾何原本》（一）文本研讀內容摘要〉，《HPM 通訊》5(4): 10–14。
- 洪萬生 (2002)，〈數學文本與問題意識〉，《HPM 通訊》5(1): 1–2。
- 洪萬生 (2004)，〈教改爭議聲中，證明所為何事？〉，《師大學報：教育科學類》49(1): 1–14。
- 洪萬生 (2004)，〈數學、哲學與美學的交會〉，《HPM 通訊》7(10): 1–3。
- 洪萬生 (2004)，〈三國 π 裡袖乾坤〉，《科學發展》384: 69–74。
- 洪萬生 (2005)，〈從程序性知識看《筭數書》〉，《師大學報・人文社會類》50(1): 75–89。

- 洪萬生 (2006)，《此零非彼 O》，臺北：臺灣商務印書館。
- 洪萬生 (2007)，〈好個阿基米德——數學科普的新猷〉，《HPM 通訊》10(1): 1–2。
- 洪萬生 (2007)，〈傳統中算家論證的個案研究〉，《科學教育學刊》15(4): 357–385。
- 洪萬生 (2007)，〈阿基米德的現代性：再生羊皮書的時光之旅〉，《HPM 通訊》10(9): 1–4。
- 洪萬生 (2012)，〈高觀點、HPM 與拱心石課程〉，《HPM 通訊》15(6): 1–10。
- 洪萬生 (2022)，《數學故事讀說寫：敘事・閱讀・寫作》，臺北：三民書局。
- 洪萬生等 (2009)，《當數學遇見文化》，臺北：三民書局。
- 洪萬生等 (2011)，《摺摺稱奇：初登大雅之堂的摺紙數學》，臺北：三民書局。
- 洪萬生等 (2014)，《數說新語》，臺北：開學文化。
- 洪萬生等 (2018)，《窺探天機：你所不知道的數學家》，臺北：三民書局。
- 謝佳叡 (1999)，〈幾何作圖——「規矩」vs.「規」「矩」〉，《HPM 通訊》2(12): 4–7。
- 謝佳叡 (1999)，〈幾何原本第 VII 卷定義之解讀 （下）〉，《HPM 通訊》2(5): 5–8。
- 謝佳叡 (1999)，〈幾何原本第 VII 卷定義之解讀 （上）〉，《HPM 通訊》2(4): 4–7。
- 蔡育知 (2008)，〈丟番圖的故事〉，《HPM 通訊》11(6): 7–10。

- 斯坦 (Sherman Stein, 2004)，《阿基米德幹了什麼好事！》(*Archimedes*)，陳可崗譯，臺北：天下文化。
- 蘇惠玉 (2001)，〈三角函數公式的托勒密方法〉，《HPM 通訊》4(5): 12–14。
- 蘇惠玉 (2001)，〈為什麼是阿基米德開平方法〉，《HPM 通訊》4(2/3): 15–16。
- 蘇惠玉 (2003)，〈從幾何面向看〉，《HPM 通訊》6(12): 6–11。
- 蘇惠玉 (2005)，〈從正焦弦看圓錐曲線〉，《HPM 通訊》8(5): 6–11。
- 蘇惠玉 (2007)，〈圓錐曲線的腳本設計〉，《HPM 通訊》10(7/8): 14–19。
- 蘇惠玉 (2008)，〈HPM 與高中幾何教學：以圓錐曲線的正焦弦為例〉，《HPM 通訊》11(2/3): 1–11。
- 蘇惠玉 (2011)，〈HPM 高中教室單元二：有理數與無理數——可公度量與不可公度量〉，《HPM 通訊》14(9): 1–7。
- 蘇惠玉 (2011)，〈HPM 高中教室單元一：《幾何原本》與《九章算術》〉，《HPM 通訊》14(7/8): 13–19。
- 蘇惠玉 (2015)，〈天文學中的數學模型 (I)——古希臘時期與托勒密的天文模型〉，《HPM 通訊》18(11): 1–6。
- 蘇惠玉 (2017)，〈比例中項與倍立方問題作圖器〉，《HPM 通訊》20(6): 4–12。
- 蘇惠玉 (2018)，〈無窮小的危機：折磨數學家數百年的「芝諾悖論」〉，《關鍵評論》。
- 蘇惠玉 (2018)，《追本數源：你不知道的數學祕密》，臺北：三民書局。
- 蘇俊鴻 (1999)，〈兩個證明的比較〉，《HPM 通訊》2(12): 8–11。

- 蘇俊鴻 (2000)，〈兩種不同的數學典範：東方與西方〉，《HPM 通訊》3(8): 9–12。
- 蘇俊鴻 (2012)，〈「圓錐曲線雜談」教案分享〉，《HPM 通訊》15(7): 1–4。
- 蘇俊鴻等 (2006)，〈海龍公式專輯〉，《HPM 通訊》9(4): 1–56。
- 蘇意雯 (1999)，〈畢氏定理淺談〉，《HPM 通訊》2(7): 2–5。
- 蘇意雯 (1999)，〈數學哲學：柏拉圖 vs. 亞里斯多德〉，《HPM 通訊》2(1): 4–5。
- 楊建泰 (2001)，〈波羅尼奧斯問題〉，《HPM 通訊》4(2/3): 14。
- 英家銘 (2003)，〈中立幾何、面積概念與非歐氏的 III.36〉，《HPM 通訊》6(10): 18–21。
- 吳任哲 (2001)，〈比例中項與倍立方問題作圖器〉，《HPM 通訊》4(8–9): 12–14。
- 吳宛柔 (2012)，〈歐幾里得 (Euclid) 畫像：創作理念〉，《HPM 通訊》15(8/9): 15–16。

第 4 章

- Needham, Joseph (1959). *Science and Civilisation in China*. London: Cambridge University Press.
- Stedall, Jacqueline (2012). *The History of Mathematics: A Very Short Introduction*. New York: Oxford University Press.
- 彭浩 (2001)，《張家山漢簡《算數書》註釋》，北京：科學出版社。
- 劉鈍 (1997)，《大哉言數》，瀋陽：遼寧教育出版社。
- 高明士 (2005)，《中國古代的教育與學禮》，臺北：國立臺灣大學出版中心。

- 高承恕 (2002)，《頭家娘：臺灣中小企業「頭家娘」的經濟活動與社會意義》，臺北：聯經出版。
- 郭書春 (1995)，《古代世界數學泰斗劉徽》，臺北：明文書局。
- 郭書春 (2012)，《中國傳統數學史話》，北京：中國國際廣播出版社。
- 郭書春 (2018)，〈秦九韶《數書九章》序註釋〉，《郭書春數學史自選集》（下冊），頁 648–666，濟南：山東科學技術出版社。
- 郭書春、劉鈍校點 (1998)，《算經十書》，瀋陽：遼寧教育出版社。
- 郭書春匯校 (2004)，《匯校九章算術》，瀋陽：遼寧教育出版社。
- 洪萬生 (1982/1983)，〈重視證明的時代：魏晉南北朝的科技〉，載洪萬生主編，《格物與成器》，頁 105–163，臺北：聯經出版。
- 洪萬生 (1999)，《孔子與數學——一個人文的懷想》，臺北：明文書局。
- 洪萬生 (1999)，《從李約瑟出發：數學史、科學史文集》，臺北：九章出版社。
- 洪萬生 (2001)，〈二十一世紀的《算經十書》〉，載郭書春、劉鈍校點，《算經十書》，臺北：九章出版社。
- 洪萬生 (2003)，〈魅力無窮的「祖率」：$\frac{355}{113}$〉，《HPM 通訊》6(4): 1–8。
- 洪萬生 (2006)，《此零非彼〇》，臺北：臺灣商務印書館。
- 洪萬生 (2018)，〈士族門第如何看待數學？〉，載洪萬生主編，《窺探天機：你所不知道的數學家》，頁 31–42，臺北：三民書局。
- 洪萬生 (2022)，《數學故事讀說寫：敘事‧閱讀‧寫作》，臺北：三民書局。
- 洪萬生、林倉億、蘇惠玉、蘇俊鴻 (2006)，《數之起源：中國數學史開章《筭數書》》，臺北：臺灣商務印書館。

- 洪萬生、蘇惠玉、蘇俊鴻、郭慶章 (2014)，《數說新語》，臺北：開學文化。
- 洪萬生主編 (2018)，《窺探天機：你所不知道的數學家》，臺北：三民書局。
- 錢寶琮 (1932)，《中國算學史》上卷，北平：中央研究院歷史語言研究所。
- 蕭燦 (2010)，《嶽麓書院藏秦簡《數》研究》，湖南大學博士論文。
- 徐品方、張紅、寧銳 (2016)，《《數書九章》研究：秦九韶治國思想》，北京：科學出版社。
- 陳敏晧 (2010)，《唐代算學與社會》，新竹：清華大學博士論文。
- 鄒大海 (2001)，《中國數學的興起與先秦數學》，石家莊：河北科學技術出版社。
- 蘇意雯、蘇俊鴻等 (2012)，〈《數》簡校勘〉，《HPM 通訊》15(11): 1–32。
- 嚴敦傑 (2000)，《祖沖之科學著作校釋》，瀋陽：遼寧教育出版社。

第 5 章

- Bunt, Lucas N. H., Phillip S. Jones, Jack D. Bedient (1988). *The Historical Roots of Elementary Mathematics*. New York: Dover Publications, INC.
- Euclid (2002)，《幾何原本》 (*The Thirteen Books of Euclid's Elements*)，藍紀正、朱恩寬譯，臺北：九章出版社。
- Fauvel, John and Jeremy Gray eds. (1987). *The History of Mathematics: A Reader*. London: Macmillan Education.

- Heath, Thomas L. (1956). *Euclid's Thirteen Books of the Elements*. New York: Dover Publications, INC.
- Horng, Wann-Sheng (1995). "How Did Liu Hui Perceive the Concept of Infinity: A Revisit", *Historia Scientiarum* 4: 207–222.
- Horng, Wann-Sheng (2000). "Euclid versus Liu Hui: A Pedagogical Reflection", Victor Katz ed., *Using History to Teach Mathematics: An International Perspective* (Washington D.C.: Mathematical Association of America), pp. 37–48.
- Katz, Victor (2004)，《數學史通論》（第 2 版）(*A History of Mathematics: An Introduction*)，李文林、鄒建成、胥鳴偉譯，北京：高等教育出版。
- Plato (1995)，《柏拉圖理想國》(*The Republic*)，侯健譯，臺北：聯經出版。
- Plato (1999)，《米諾篇》，陳昭蓉譯，《HPM 通訊》2(12): 12–17。
- Plato (2013)，《《米諾篇》《費多篇》譯注》，徐學庸譯注，臺北：臺灣商務印書館。
- Retz, Reviel (2018). "Divisions, Big and Small: Comparing Archimedes and Liu Hui", G. E. R. Lloyd et al., eds., *Ancient Greece and China Compared* (New York: Cambridge University Press), pp. 259–289.
- Robson, Eleanor & Jacqueline Stedall (2010). *The Oxford Handbook of the History of Mathematics*. New York: Oxford University Press.
- Stedall, Jacqueline (2012). *The History of Mathematics: A Very Short Introduction*. New York: Oxford University Press.
- Struik, Dirk J. (1987). *A Concise History of Mathematics* (Fourth revised edition). New York: Dover Publications, INC.

- 奔特、瓊斯、貝迪恩特 (Lucas N. H. Bunt, Phillip Jones and Jack Bedient, 2019)，《數學起源：進入古代數學家的另類思考》 (*The Historical Roots of Elementary Mathematics*)，黃俊瑋等譯，臺北：五南圖書公司。
- 李潢 (1993)，《九章算術細草圖說》，載郭書春主編，《中國科學技術典籍通彙·數學卷（四）》，頁 1177，開封：河南教育出版社。
- 李弘祺 (2012)，《學以為己：傳統中國的教育》，香港：香港中文大學。
- 李繼閔 (1992)，《《九章算術》及其劉徽注研究》，臺北：九章出版社。
- 李春泰 (2001)，〈論墨子與亞里斯多德邏輯學的差別及其意義〉，《哈爾濱市經濟管理幹部學院學報》第 1 期。
- 李儼、杜石然 (1992)，《中國古代數學簡史》，臺北：九章出版社。
- 李維歐 (Mario Livio, 2012)，《上帝是數學家？》 (*Is God a Mathematician?*)，洪世民譯，新北：繁星出版。
- 劉柏宏 (2016)，〈從數學與文化的關係探討數學文化素養之內涵——理論與案例分析〉，《臺灣數學教育期刊》3(1): 55–83。
- 梁宗巨 (1998)，《數學歷史典故》，臺北：九章出版社。
- 郭書春 (1995/2013)，《古代世界數學泰斗劉徽》，濟南：山東科學技術出版社。
- 郭書春 (2004)，《匯校九章筭術（上）、（下）》，瀋陽：遼寧教育出版社。
- 郭書春 (2010)，《九章算術譯注》，上海：古籍出版社。
- 郭書春（解讀）(2019)，《九章算術》，北京：科學出版社。
- 郭書春、劉鈍校點 (2001)，《算經十書》，臺北：九章出版社。

· 洪萬生 (1992),〈同文館算學教習李善蘭〉,載楊翠華、黃一農主編,《近代中國科技史論集》,頁 215–259,南港／新竹:中央研究院近代史研究所／清華大學歷史研究所。

· 洪萬生 (1993),〈張文虎的舒藝室世界:一個數學社會史的取向〉,《漢學研究》11(2): 163–184。

· 洪萬生 (1999a),〈孔子與數學〉,載洪萬生,《孔子與數學》,頁 1–14,臺北:明文書局。

· 洪萬生 (1999b),〈數學哲學與數學史〉,《HPM 通訊》2(6): 1–4。

· 洪萬生 (2000),〈數學文化的交流與程序性知識〉,載李弘祺主編,《理性學術和道德的知識傳統》,頁 1–48,臺北:喜馬拉雅研究發展基金會。

· 洪萬生 (2005),〈從程序性知識看《筭數書》〉,《師大學報‧人文與社會類》50(1): 75–89。

· 洪萬生 (2006),〈勾股定理的「非常」遐想〉,載洪萬生,《此零非彼 O》,頁 194–200,臺北:臺灣商務印書館。

· 洪萬生 (2007),〈傳統中算家論證的個案研究〉,《科學教育學刊》15(4): 357–385。

· 洪萬生 (2012),〈數學知識的本質:發現 vs. 發明〉,李維歐 (Mario Livio),《上帝是數學家?》(*Is God a Mathematician?*),審查序,新北:繁星出版。

· 洪萬生、林倉億、蘇惠玉、蘇俊鴻 (2006),《數之起源》,臺北:臺灣商務印書館。

· 洪萬生等 (2014),《數說新語》,臺北:開學文化。

· 鄒大海 (2010),〈墨家與數學〉,載郭書春主編,《中國科學技術史:數學卷》,頁 50–59,北京:科學出版社。

· 鄒大海 (2010)，〈從《墨子》看先秦時期的幾何知識〉，《自然科學史研究》29(3): 293–312。

· 蘇惠玉 (2011)，〈有理數與無理數——可公度量與不可公度量〉，《HPM 通訊》14(9): 1–7。

網路資源

· Joyce, David: Euclid's *Elements* at

https://mathcs.clarku.edu/~djoyce/java/elements/elements.html.

· Mendell, Henry (2020). "Greek Mathematics in Aristotle's Works", accessed on July/10/2020 at

https://plato.stanford.edu/entries/aristotle-mathematics/supplement4.html.

· 中國哲學書電子化計劃，https://ctext.org/mo-jing-jiao-shi/zh。

圖片出處

· 圖 1.1：Wikimedia Commons

· 圖 2.1：Wikimedia Commons，作者：Josell7

https://commons.wikimedia.org/wiki/File:Babylonian_numerals.svg

· 圖 3.4：Wikimedia Commons

· 圖 3.16：Wikimedia Commons

· 圖 4.4：Wikimedia Commons

· 圖 4.5：Wikimedia Commons

索　引

NOTE

《數之軌跡》總覽

數學、詩與美

Ron Aharoni ／著
蔡聰明 ／譯

若一位數學家不具有幾分詩人的氣質，那麼他就永遠成不了一位完整的數學家。數學與詩有什麼關係呢？似乎是毫無關係。數學處理的是抽象的事物，而詩處理的是感情的事情。然而，兩者具有某種本質上的共通點，那就是：美。

當火車撞上蘋果——走近愛因斯坦和牛頓

張海潮 ／著

一定要學數學嗎？如果沒有數學我的人生會不一樣嗎？一本道出數學教育的危機，並讓讀者重新體會數學與生活的關係。本書分為四大部分，共收錄 39 篇文章，讓讀者先了解數學定理背後的原理，再從幾何著手，體會數學之美。

樂樂遇數——音樂中的數學奧祕

廖培凱 ／著

要把音樂和數學做連結，似乎不太容易，但實際上也沒有那麼格格不入。以數學的觀點淺談音階，再引到基本的和弦結構，並詳細介紹了古代中西方音階的異同。帶著讀者解開音樂與數學的奧祕，體會音樂與數學的密不可分。

從算術到代數之路 —讓 x 噴出，大放光明— 蔡聰明／著

最適合國中小學生提升數學能力的課外讀物！本書利用簡單有趣的題目講解代數學，打破學生對代數學的刻板印象，帶領國中小學生輕鬆征服國中代數學。

數學的發現趣談 蔡聰明／著

一個定理的誕生，基本上跟一粒種子在適當的土壤、陽光、氣候……之下，發芽長成一棵樹，再開花結果的情形沒有兩樣——而本書嘗試盡可能呈現這整個的生長過程。讀完後，請不要忘記欣賞和品味花果的美麗！

摺摺稱奇：初登大雅之堂的摺紙數學 洪萬生／主編

第一篇 用具體的摺紙實作說明摺紙也是數學知識活動。
第二篇 將摺紙活動聚焦在尺規作圖及國中基測考題。
第三篇 介紹多邊形尺規作圖及其命題與推理的相關性。
第四篇 對比摺紙直觀的精確嚴密數學之必要。

藉題發揮 得意忘形 葉東進／著

本書涵蓋了高中數學的各種領域，以「活用」的觀點切入、延伸，除了讓學生對所學有嶄新的體驗與啟發之外，也和老師們分享一些教學上的經驗，希冀可以傳達「教若藉題發揮，學則得意忘形」的精神，為臺灣數學教育注入一股活泉。

機運之謎 —數學家 Mark Kac 的自傳—

Mark Kac ／著
蔡聰明／譯

上帝也喜愛玩丟骰子的遊戲，用一隻看不見的手，對著「空無」拍擊出「隻手之聲」。因此，大自然的真正邏輯就在於機率的演算。而 Kac 的一生就如同機運般充滿著未知，本書藉由作者的自述，將帶領讀者進入機運的世界。

數學放大鏡 —暢談高中數學

張海潮／著

本書精選許多貼近高中生的數學議題，詳細說明學習數學議題都應該經過探索、嘗試、推理、證明而總結為定理或公式，如此才能切實理解進而靈活運用。共分成代數篇、幾何篇、極限與微積分篇、實務篇四個部分，期望對高中數學進行本質探討和正確應用，重建正確的學習之路。

蘇菲的日記

Dora Musielak ／著
洪萬生、洪贊天、黃俊瑋／合譯
洪萬生／審訂

《蘇菲的日記》是一部由法國數學家蘇菲‧熱爾曼所啟發的小說作品。內容是以日記的形式，描述在法國大革命期間，一個女孩自修數學的成長故事。

畢達哥拉斯的復仇

Arturo Sangalli ／著
蔡聰明／譯

由偵探小說的方式呈現，將畢氏學派思想融入書中，信徒深信著教主畢達哥拉斯已經轉世，誰會是教主今世的化身呢？誰又能擁有教主的智慧結晶呢？一場「轉世之說」的詭譎戰火即將開始……

畢氏定理四千年

Eli Maor／著
林炎全、洪萬生、黃俊瑋、蘇俊鴻／合譯
洪萬生／審訂

作者毛爾（Eli Maor）在此書中重述畢氏定理的故事之許多面向，他指出畢達哥拉斯證得畢氏定理的千餘年前，巴比倫人就已經發現勾股間巧妙的數學關係。毛爾重現了畢氏定理在數學史上的關鍵要角，為數學遺產增添了許多繽紛色彩。

不可能的任務——公鑰密碼傳奇

沈淵源／著

近代密碼術可說是奠基於數學（特別是數論）、電腦科學及聰明智慧上的一門學科，而其程度既深且厚。本書乃依據加密函數的難易程度，對密碼系統作一簡單的分類；本此分類，再對各個系統作一深入淺出的導引工作。

古代天文學中的幾何方法

張海潮／著

本書一方面以淺顯的例子說明中學所學的平面幾何、三角幾何和坐標幾何如何在古代用以測天，兼論中國古代的方法；另一方面介紹牛頓如何以嚴謹的數學，從克卜勒的天文發現推論出萬有引力定律。適合高中選修課程和大學通識課程。

數學故事讀說寫——敘事‧閱讀‧寫作

洪萬生／著

108 課綱數學素養不可或缺的最佳夥伴！現代的教育文化脈絡中，數學故事的讀、說、寫，都離不開數學普及敘事。如果能欣賞數學故事所蘊含的認知旨趣，再深入了解數學閱讀與寫作的價值，從而喜歡上數學的話，聽起來是不是很浪漫呢？

國家圖書館出版品預行編目資料

數之軌跡 I：古代的數學文明／洪萬生主編;英家銘
協編;黃俊瑋,陳玉芬,林倉億著.－－初版一刷.－－臺
北市：三民，2024
面；　公分.－－（鸚鵡螺數學叢書）

ISBN 978-957-14-7698-8　（平裝）
1. 數學 2. 文明史 3. 古代史

310.9　　　　　　　　　　　　　　112014562

鸚鵡螺 數學叢書

數之軌跡 I：古代的數學文明

主　　　編	洪萬生
協　　　編	英家銘
作　　　者	黃俊瑋　陳玉芬　林倉億
審　　　訂	于　靖　林炎全
總 策 劃	蔡聰明
責 任 編 輯	朱永捷
美 術 編 輯	黃孟婷

發 行 人	劉振強
出 版 者	三民書局股份有限公司
地　　　址	臺北市復興北路 386 號 (復北門市)
	臺北市重慶南路一段 61 號 (重南門市)
電　　　話	(02)25006600
網　　　址	三民網路書店 https://www.sanmin.com.tw

出 版 日 期	初版一刷 2024 年 1 月
書 籍 編 號	S319590
Ｉ Ｓ Ｂ Ｎ	978-957-14-7698-8

三民書局